职业教育物联网应用技术专业系列教材

物联网综合应用实训

第2版

组　编　北京新大陆时代教育科技有限公司

主　编　殷燕南　傅　峰　张正球

副主编　贾春霞　刘晓辉　李　玲

　　　　张佐理　史俊波　胡　祎

参　编　史娟芬　魏美琴　郭子杰

　　　　蔡　敏　彭　程

机械工业出版社

本书以第一届全国青年运动会奥体中心物联网项目为背景，将各类物联网应用技术贯穿到项目中，并将项目细分为任务，将各知识点与技能串接起来，具备较强的实用性与通用性。

本书涵盖以下主要内容：奥体中心项目设计，涉及需求分析与概要设计；应用环境安装部署，涉及感知层、传输层及应用软件的安装部署；感知层的开发调试，涉及无线传感网组网及传感器程序开发；计算机端应用开发，涉及基于 C# 的串口读写、.NET 开发三层架构及 Socket 通信；移动端应用开发，涉及引用外部库进行 Android 开发；项目验收相关知识。

本书总体按照"项目概述—项目实施—小结与测评"的流程组织内容，项目被拆分为若干任务，每个任务按照"任务描述—任务分析—知识准备—任务实施"的顺序展开，环环相扣，层层递进。

本书适合作为高等职业院校物联网相关专业的教学用书，也可作为物联网相关培训及 IT 类从业者的参考书。

本书配有电子课件和相关素材资源。书中有二维码提供相关视频观看学习。选用本书作为授课教材的教师可以从机械工业出版社教育服务网（www.cmpedu.com）免费注册下载或联系编辑（010-88379194）咨询。

图书在版编目（CIP）数据

物联网综合应用实训/北京新大陆时代教育科技有限公司组编；殷燕南，傅峰，张正球主编. —2版. —北京：机械工业出版社，2021.4
职业教育物联网应用技术专业系列教材
ISBN 978-7-111-68343-8

Ⅰ. ①物… Ⅱ. ①北… ②殷… ③傅… ④张… Ⅲ. ①互联网络—应用—高等职业教育—教材 ②智能技术—应用—高等职业教育—教材
Ⅳ. ①TP393.4 ②TP18

中国版本图书馆CIP数据核字（2021）第102420号

机械工业出版社（北京市百万庄大街22号 邮政编码100037）
策划编辑：梁　伟　　　　　　　责任编辑：梁　伟　徐梦然
责任校对：张玉静　张亚楠　　　封面设计：鞠　杨
责任印制：张　博
三河市宏达印刷有限公司印刷
2021年8月第2版第1次印刷
184mm×260mm · 11.75印张 · 267千字
0 001—1 900册
标准书号：ISBN 978-7-111-68343-8
定价：39.00元

电话服务　　　　　　　　　　　　网络服务

客服电话：010-88361066　　　　机　工　官　网：www.cmpbook.com

　　　　　010-88379833　　　　机　工　官　博：weibo.com/cmp1952

　　　　　010-68326294　　　　金　书　网：www.golden-book.com

封底无防伪标均为盗版　　　　　机工教育服务网：www.cmpedu.com

参与编写学校：

福州大学	山东大学
北京邮电大学	福建师范大学
江南大学	太原科技大学
天津中德应用技术大学	浙江科技学院
闽江学院	安阳工学院
福建信息职业技术学院	无锡职业技术学院
重庆电子工程职业学院	武汉软件工程职业学院
山东交通职业学院	辽宁轻工职业学院
河源职业技术学院	广东理工职业学院
广东省轻工职业技术学校	佛山职业技术学院
广西电子高级技工学校	合肥职业技术学院
安徽电子信息职业技术学院	威海海洋职业学院
上海电子信息职业技术学院	上海商学院高等技术学院
上海市贸易学校	河南经贸职业学院
顺德职业技术学院	河南信息工程学校
青岛电子学校	山东省淄博市工业学校
山东省潍坊商业学校	济南信息工程学校
福州机电工程职业技术学校	嘉兴技师学院
北京市信息管理学校	江苏信息职业技术学院
温州市职业中等专业学校	开封大学
浙江交通职业技术学院	常州工程职业技术学院
安徽国际商务职业学院	上海中侨职业技术大学
长江职业学院	北京电子科技职业学院
广东职业技术学院	北京市丰台区职业教育中心学校
福建船政交通职业学院	湖南现代物流职业技术学院
北京劳动保障职业学院	闽江师范高等专科学校
河南省驻马店财经学校	

1. 缘起

物联网作为新一代信息通信技术，是继计算机、互联网之后，席卷世界的第三次信息产业浪潮，也是我国重点发展的战略性新兴产业领域，发展前景十分广阔。

本书是为了帮助读者有效掌握物联网应用开发技术和提高工程应用能力而编写的。本书的编写综合了北京新大陆时代教育科技有限公司等企业的物联网工程经验，精心挑选典型的物联网项目，按照项目化课程理念，对项目进行细分，以任务驱动方式展开。在实训教学中注重学生自主学习能力与合作能力的训练，符合初学者的认知规律和职业成长规律。

2. 内容结构

本书共有6个项目，涵盖以下主要内容：奥体中心项目设计，涉及需求分析与概要设计；应用环境安装部署，涉及感知层、传输层及应用软件的安装部署；感知层的开发调试，涉及无线传感网组网及传感器程序开发；计算机端应用开发，涉及基于C#的串口读写、.NET开发三层架构及Socket通信；移动端应用开发，涉及引用外部库进行Android开发；项目验收相关知识。

整个项目被拆分为若干任务，每个任务都按照"任务描述—任务分析—知识准备—任务实施"的顺序展开，环环相扣，层层递进。

● 任务描述：简述任务背景与目标。

● 任务分析：对于需要完成的功能及要达到的效果进行分析。

● 知识准备：详细讲解知识点，为任务实施做铺垫。

● 任务实施：通过任务综合应用所学知识，提高学生的动手能力。

3. 特色

（1）遵循"任务驱动、项目导向" 本书遵循"任务驱动、项目导向"，以项目开发流程为指导，组织章节内容，引领技术知识与实验实训，并嵌入职业核心能力知识点，改变理论知识与实验实训相剥离的传统实训教材组织形式，读者在完成任务的过程中总结并学习相关技术知识与开发经验。以奥体中心项目为主线，串联各个典型物联网技术的应用，便于教师采用项目教学法引导学生展开自主学习与探索。

（2）以工程师视角组织内容，突出"应用"特色 本书由北京新大陆时代教育科技有限公司组编，项目的开发过程有多名产品经理与工程师参与，使本书在内容的组织上打破了传统教材的知识结构，充分地借鉴了企业工程师的工作思路。

（3）创新实训验收测评方式，制订任务测评表 本书在每个项目都设置有测评模块，根据本项目在全书中的权重为每个项目分配了合适的分值，项目末的测评表，对于评分的标准进行了详细的标注，教师可以根据测评表来考评学生的实训完成情况，同时读者也可以根据完成的情况进行自评或互评。直观且完善的测评表，让读者在实训过程中可以清晰地了解自己的学习情况与技能水平。

（4）配套资源完善，代码细分到任务阶段　本书附带的配套资源，内容详尽，组织结构分明，层层递进，环环相扣。在本书项目4、项目5中，读者可以根据自己的情况，选择从任务的任意阶段直接开始进行有针对性的训练，而不必从零开始练习，或者直接就看到完整的项目代码。

4. 使用

（1）读者对象　本书适合作为高等职业院校物联网相关专业的教学用书，也可作为物联网相关培训及IT类从业者的参考书。

（2）教学建议　各院校可根据课程教学目标及学时要求的实际情况在108～126学时范围内灵活安排教学。

在实训教学中，建议采取分小组（每个小组4～6人）的团队合作方式完成学习。

在每个项目学完时，参考测评表对学生的实训完成情况进行评价，也可以采取组内自评、组间互评、教师点评等多种方式进行评价。

5. 致谢

本书由北京新大陆时代教育科技有限公司组编，殷燕南、傅峰和张正球任主编，贾春霞、刘晓辉、李玲、张佐理、史俊波和胡祎任副主编。史娟芬、魏美琴、郭子杰、蔡敏和彭程参与了本书的编写。本书编写团队成员曾多次参与全国职业院校技能大赛高职组"物联网技术应用"赛项，并作为带队教师取得了优异成绩。

物联网涉及多种关键技术，要将这些技术综合应用到实际项目中，需要从业者（学习者）在实践中不懈地摸索和积累，逐步提高自己的技术应用水平。

由于编者水平有限，书中难免有疏漏和不妥之处，恳请读者批评指正。

编　者

二维码索引

序号	名称	图形	页码	序号	名称	图形	页码
1	红外对射传感器的安装		31	5	ZigBee技术介绍		71
2	数字量采集器的安装		34	6	光照传感器ZigBee采集开发		85
3	ZigBee四输入模拟量采集器及其设备安装调试		42	7	温湿度传感器ZigBee采集开发		87
4	无线路由器的配置		47	8	类库介绍		102

目录 CONTENTS

Project 1

项 目

奥体中心项目设计

项目概述

　　本书整体围绕"奥体中心"这一项目进行展开。在本项目中，我们在了解奥体中心项目背景的基础上，对其进行需求分析和概要设计。在项目设计过程中，读者还可以学习到项目文档的写作。

　　为了使学习更有针对性，本项目将项目设计主要拆分成3个任务。在任务2中，学习如何对项目进行需求分析；在任务3中，学习如何对项目进行系统概要设计。项目最后将对项目设计阶段进行总结与测评。

学习目标

- 了解如何对项目进行需求分析。
- 了解如何对项目进行系统概要设计。
- 了解项目设计阶段文档的写作格式。

任务1　　奥体中心项目概述

1．项目背景

2011年6月，福州成功申办第八届全国城市运动会，2013年12月经国务院批准，正式更名为第一届全国青年运动会，举办时间定于2015年10月18日～2015年10月27日。

第一届全国青年运动会在福州海峡奥体中心举行。奥体中心体育场包含足球场、游泳馆、羽毛球馆、篮球场和网球场等。以福州为主，泉州、厦门、漳州等市为辅的赛区，完成了26个大项、30个分项、306个小项的比赛，包括港澳台在内80多个参赛城市、82个代表团参加。

2．项目目标

为了实现比赛期间奥体中心能进行更加高效、安全、便捷的管理，技术人员利用物联网技术来解决传统安保与秩序管理中存在的缺陷，让各项比赛可以顺利进行，并给来自全国各地的参赛团带来更好的服务和体验。

任务2　　需求分析

任务描述

在本任务中，要求技术人员基于项目背景，研究用户需求，理解并确认用户软件功能需求，建立可确认的、可验证的一个基本依据，形成需求分析报告。

任务分析

需求分析是整个项目设计的开端，也是项目成功的关键步骤。软件需求分析应尽量提供实现功能需求的全部信息，使得软件设计人员和软件测试人员不再需要与需求方接触。

知识准备

1．什么是需求分析

所谓"需求分析"，是指对要解决的问题进行详细的分析，弄清楚问题的要求，包括需要输入什么数据、得到什么结果、最后应输出什么。可以说，软件工程当中的"需求分析"就是确定要"做什么"，要达到什么样的效果，即需求分析是开发系统之前的必需步骤。

在软件工程的历史中，很长时间里人们一直认为需求分析是整个软件工程中最简单的一个步骤。但在近十年内，越来越多的人认识到，需求分析是整个过程中最关键的一个部分。假如在需求分析时分析者们未能正确地认识到顾客的需求，那么最后的软件实际上不可能满足顾客的需要，或者软件项目无法在规定的时间里完工。

2．需求分析的特点

（1）供需交流困难　　在开始阶段，开发人员和用户双方都不能准确地提出系统要"做什么"。因为软件开发人员不是用户问题领域的专家，不熟悉用户的业务活动和业务环境，又不可能在短期内搞清楚；而用户不熟悉计算机应用的有关问题。由于双方互相不了解对方的工作，又缺乏共同语言，所以在交流时存在隔阂。

（2）需求动态化　　对于一个大型而复杂的系统，用户很难精确完整地提出它的功能和性能要求。一开始只能提出一个大概、模糊的功能，只有经过长时间的反复认识才逐步明确，有时进入设计、编程阶段才能明确，更有甚者，到开发后期还在提新的要求。这无疑给开发带来了困难。

（3）后续影响复杂　　需求分析是项目开发的基础。假定在该阶段发现一个错误，解决它需要用一个小时的时间，到后续的设计、编程、测试和维护阶段来解决，则要花费成倍的时间。

3．需求分析的具体内容

需求分析的具体内容可以归纳为6个方面：软件的功能需求，软件与硬件或其他外部系统接口，软件的非功能性需求，软件的反向需求，软件设计和实现上的限制，阅读支持信息。

任务实施

对项目的需求进行分析确认后，形成了需求分析报告。奥体中心项目的需求分析报告目录如图1-1所示。需求报告的完整版本可以在本书配套资源中找到（项目1\奥体中心项目需求分析文档）。

目录

一、引言......2
1、 编写目的......2
2、 软件需求分析理论......2
3、 软件需求分析目标......2
4、 参考文献......3
二、需求概述......3
1、 项目背景......3
2、 需求概述......3
3、 系统结构......3
4、 网络拓扑图......4
三、系统功能需求......5
四、软硬件和其他外部接口需求......6
1、 用户界面......6
2、 硬件需求......6
3、 接口需求......7
4、 通信需求......7
5、 运行环境......7
五、其他非功能需求......7
1、 性能需求......8
2、 安全设施需求......8
3、 安全性需求......9
4、 扩展性需求......9

图1-1　需求分析报告目录

由于需求报告内容篇幅过长，在此只针对其中部分重点内容进行展开。

1．需求概述

根据项目背景可知，奥体中心体育场包括多个场馆，同时参赛的队伍众多，比赛项目也有306个之多。为保证场馆内的安全及比赛的顺利开展，安防成为本项目最重要的目标。其次，由于比赛项目很多，要让来自全国各地的观众能够准时入座观看比赛，就需要观众能熟悉体育场的场馆分布，熟悉每个场馆的相关信息。另外，在观赛期间，场馆提供餐厅进行就餐，需要对餐厅环境进行监控。

因此，满足场馆管理员、保安、观赛用户在门禁管理、安防管理、用户导览、环境监控等方面的需求将成为本项目的主要任务。

2．系统结构

根据初步分析，将奥体中心协同管理系统可以分解成以下几个子系统：

1）场馆门禁管理子系统。

2）场馆刷卡验证子系统。

3）场馆安防管理子系统。

4）保安安防移动子系统。

5）奥体场馆导览子系统。

6）餐厅环境监控子系统。

其中，门禁管理子系统、刷卡验证子系统、安防管理子系统是Windows应用，安防移动子系统、导览子系统、餐厅环境监控子系统是Android移动应用。

3．系统功能需求

1）场馆门禁管理子系统。完成奥体场馆管理端发卡。

2）场馆刷卡验证子系统。用户进入场馆时，使用分发得到的卡片作为入场凭证，系统对用户进行拍照，并将拍照的图片数据保存到数据库。

3）场馆安防管理子系统。实现场馆的安防管理，当检测到非法入侵，或者检测到火焰、烟雾时，报警灯闪烁，系统通知保安安防移动子系统，保安安防移动子系统接到通知后，可关闭报警灯。

4）保安安防移动子系统。监听场馆安防管理子系统发送的警情，实现保安对场馆的实时防卫。

5）奥体场馆导览子系统。实现对奥体主要场馆的Android移动端导览以及温湿度值的显示，用户使用导览客户端在进入每个场馆时，都会对该场馆进行语音介绍等功能。

6）餐厅环境监控子系统。餐厅环境监控子系统包含于奥体场馆导览系统中，实现餐厅环境数据的显示。

4．软硬件和其他外部接口需求

1）用户界面线框图。根据系统功能需求，形成了以下各子系统的界面设计线框图。

① 场馆门禁管理子系统：门禁管理发卡程序界面。门禁管理发卡程序界面设计如图1-2所示，其主要功能是完成奥体场馆管理端发卡。

奥体中心发卡管理

卡号：

次数：

时间：／／ 至 ／／

寻卡   发卡

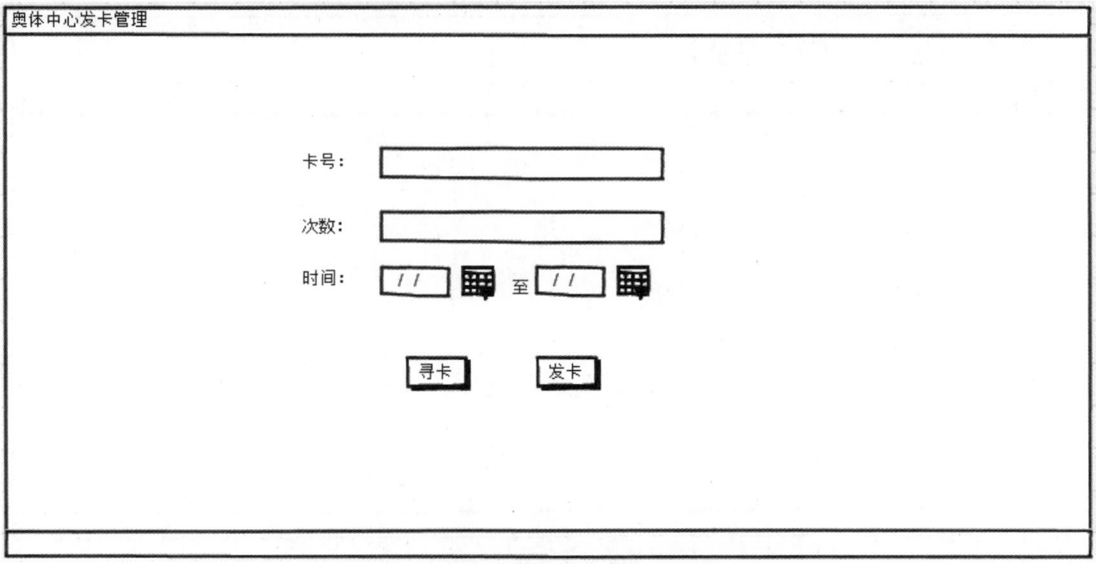

图1-2　门禁管理发卡程序界面设计

② 场馆刷卡验证子系统: 刷卡验证程序界面。用户进入场馆时, 使用分发得到的卡片作为入场凭证, 系统对用户进行拍照, 并将拍照的图片数据保存到数据库。刷卡验证程序界面设计如图1-3所示。

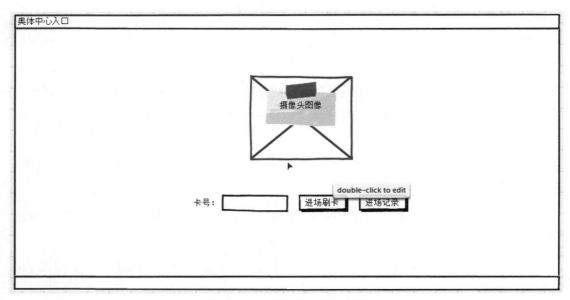

图1-3 刷卡验证程序界面设计

③ 场馆刷卡验证子系统: 进场记录查询界面。管理人员可以对进场记录进行查询。进场记录查询界面设计如图1-4所示。

进场记录

卡号: ____ 搜索 读卡号

编号	卡号	刷卡时间	图片路径

图1-4 进场记录查询界面设计

④ 场馆安防管理子系统：安防管理程序界面。实现场馆的安防管理，当检测到非法入侵，或者检测到火焰、烟雾时，报警灯闪烁，并通知保安安防移动子系统。安防移动子系统接到通知后，可关闭报警灯。安防管理程序界面设计如图1-5所示。

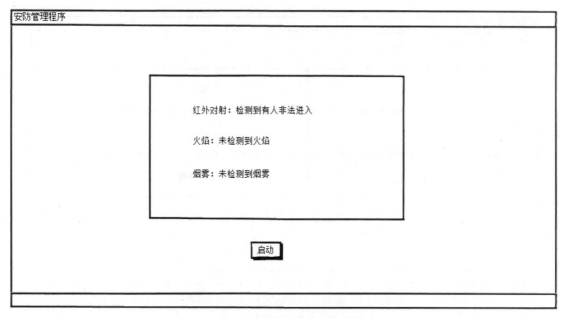

图1-5　安防管理程序界面设计

⑤ 保安安防移动子系统：保安移动客户端界面。监听场馆安防管理子系统发送的警情，实现保安对场馆的实时防卫。保安移动客户端界面设计如图1-6所示。

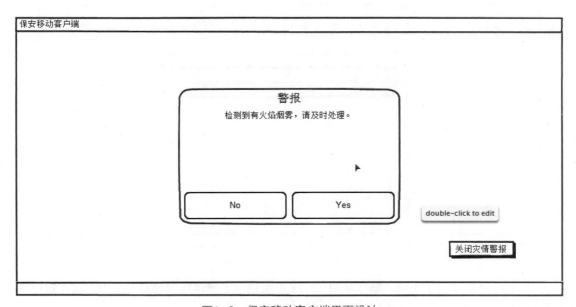

图1-6　保安移动客户端界面设计

⑥ 奥体场馆导览子系统：场馆导览移动客户端主界面。实现对奥体主要场馆的Android移动端导览以及温湿度值的显示，用户使用导览客户端进入场馆时，会对该场馆进行语音介绍等功能。场馆导览移动客户端主界面设计如图1-7所示。

图1-7　场馆导览移动客户端主界面设计

⑦ 奥体场馆导览子系统：足球场馆界面。进入每个场馆后，系统会有赛事导览。以其中的足球场馆为例，足球场馆界面设计如图1-8所示。

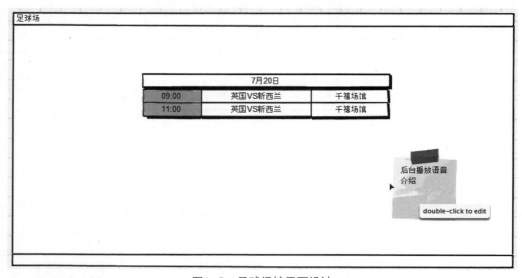

图1-8　足球场馆界面设计

⑧ 餐厅环境监控子系统。餐厅环境监控子系统包含于奥体场馆导览系统中，实现餐厅环境数据的显示。餐厅环境监控界面设计如图1-9所示。

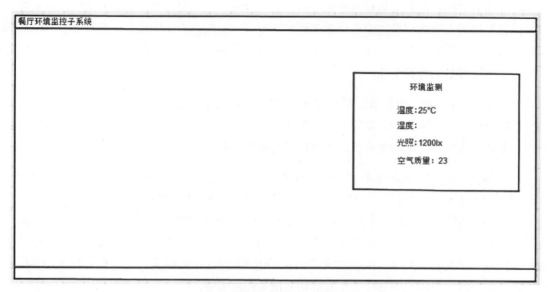

图1-9　餐厅环境监控界面设计

2）硬件需求。这里不列出详细的配置清单，附上硬件配置采购原则如下：

① 高性能原则。保证所选购的服务器，不仅能够满足运营系统的运行和业务处理的需要，而且能够满足一定时期的业务量增长。一般根据经验公式可以计算出所需的服务器TpmC值（TpmC用于衡量计算机系统的事务处理能力），然后比较各服务器厂商和TPC组织公布的TpmC值，选择相应的机型。同时，用服务器的市场价/报价除以计算出来的TpmC值得出单位TpmC值的价格，进而选择高性能价格比的服务器。

② 可靠性原则。可靠性原则是所有选择设备和系统中首要考虑的，尤其是在大型的、有大量处理要求的、需要长期运行的系统上。考虑服务器系统的可靠性，不仅要考虑服务器单个节点的可靠性或稳定性，而且要考虑服务器与相关辅助系统之间连接的整体可靠性，如网络系统、安全系统、远程打印系统等。必要时还应考虑对关键服务器采用集群技术，如双机热备份或集群并行访问技术，甚至采用可能的完全容错机。

③ 可扩展性原则。保证所选购的服务器具有优秀的可扩展性。因为服务器是所有系统处理的核心，要求具有大数据吞吐速率，包括I/O速率和网络通信速率，而且服务器需要能够处理一定时期的业务发展所带来的数据量，需要服务器能够在相应时间对其自身根据业务发展的需要进行相应的升级，如CPU型号升级、内存扩大、硬盘扩大、更换网卡、增加终端数目、挂接磁盘阵列或与其他服务器组成对集中数据的并发访问的集群系统等。这都需要所选购的服务器在整体上具有一个良好的可扩充余地。一般数据库和计费应用服务器在大型计费系统的设计中就会采用集群方式来增加可靠性，其中挂接的磁盘存储系统，根据数据量和投资考虑，可以采用DAS、NAS或SAN等技术实现。

④ 安全性原则。服务器处理的大都是相关系统的核心数据，同时还存放和运行着关键的

交易及重要的数据。这些交易和数据对于拥有者来说是一笔重要的资产，它们的安全性就非常敏感。服务器的安全性与系统的整体安全性密不可分，如网络系统的安全、数据加密、密码体制等。服务器自身，包括软硬件，应该从安全的角度上设计考虑，在借助外界的安全设施保障下，更要保证本身的高安全性。

⑤ 可管理性原则。服务器既是核心又是系统整体中的一个节点部分，就像网络系统需要进行管理维护一样，服务器也需要进行有效的管理。这需要服务器的软硬件对标准的管理系统支持，尤其是服务器上的操作系统，也包括一些重要的系统部件。

3）接口需求。系统建设采用先进的成熟技术，建立严密、体系化的系统管理和应用平台，应具有良好的分层设计，整体系统扩充性能良好，能够根据业务的发展或变更，在保持现有业务处理不受影响的前提下，具有持续扩充功能及适度变化的能力。系统提供Web Services接口，通过简单对象协议（Simple Object Access Protocol，SOAP）可以方便地与客户现用系统进行集成，交换的文件信息采用规范的JSON格式，可以很方便地与其他系统进行信息交换，以满足信息化不断发展和系统集成的需要。

4）通信需求。系统采用HTTP、SSL通信安全或加密、数据传输速率和同步通信机制。对于客户端与服务器交互的数据，使用安全套接子层（SSL，SSL加密传输主要是针对Web的数据传输，基于重要信息的传输安全考虑而设计的）进行信息交换，并在客户移动终端和服务器之间进行重要信息的交换。

任务3 系统概要设计

 任务描述

在本任务中，在需求分析的基础上，对奥体中心项目进行系统概要设计，并形成系统概要设计报告。

任务分析

先前的软件需求分析阶段，已经搞清楚了"要解决什么问题"，并输出了系统需求分析报告。现在进入概要设计阶段，重点说清楚"总体实现方案"，确定软件系统的总体布局、各子模块的功能和模块间的关系、与外部系统的关系，并输出概要设计报告。

1．什么是概要设计

在完成对软件系统的需求分析之后，接下来需要进行的是软件系统的概要设计。概要设计也称为总体设计，基本目标是能够针对软件需求分析中提出的一系列软件问题，概要地回答如何解决。例如，软件系统将采用什么样的体系构架、需要创建哪些功能模块、模块之间的关系如何、数据结构如何，以及软件系统需要什么样的网络环境提供支持、需要采用什么类型的后台数据库等。

应该说，软件概要设计是软件开发过程中一个非常重要的阶段。如果软件系统没有经过认真细致的概要设计，就直接考虑它的算法或直接编写源程序，这个系统的质量就很难保证。许多软件就是因为结构上的问题，经常发生故障，而且很难维护。

2．概要设计的主要任务

软件概要设计阶段要做的事情是什么呢？总的来看有以下4个方面。

● 设计软件系统结构

需求分析阶段中已经把系统分解成层次结构，而在概要设计阶段，需要进一步分解，划分为模块以及模块的层次结构。划分的具体过程如下。

1）采用某种设计方法，将一个复杂的系统按功能划分成模块。

2）确定每个模块的功能。

3）确定模块之间的调用关系。

4）确定模块之间的接口，即模块之间传递的信息。

5）评价模块结构的质量。

● 数据结构及数据库设计

对于大型数据处理的软件系统，还要对数据结构及数据库进行设计。

● 编写概要设计文档

在概要设计阶段，还要编写概要设计文档。初学者大多在编程序时不注意文档的编写，导致以后软件修改和升级很不方便，用户使用时也得不到帮助。

● 评审

在概要设计中，对设计部分是否完整地实现了需求中规定的功能、性能等要求，设计方案的可行性，关键的处理及内外部接口定义的正确性、有效性，各部分之间的一致性等都要进行评审，以免在以后的设计中发现大的问题而返工。

任务实施 ◀

对项目进行概要设计后，形成概要设计报告，奥体中心项目的概要设计报告目录如图1-10所示。概要设计报告的完整版本可以在本书配套资源中找到（项目1\奥体中心项目概要设计文档）。

图1-10　概要设计报告目录

由于概要设计报告的内容篇幅过长，在此只针对其中部分重点内容进行展开。

1．业务描述

1）场馆门禁管理子系统。完成奥体场馆管理端发卡程序，使用桌面高频读写器完成发卡操作，发卡成功后将数据保存到数据库。其中，发卡内容包括卡号、次数和日期。

2）场馆刷卡验证子系统。用户进入场馆时，使用分发得到的卡片作为入场凭证，系统验证卡片的卡号、次数、日期，如果验证成功，系统对用户进行拍照，并将拍照的图片数据保存到数据库，同时提示用户验证通过可以进入奥体场馆。

3）场馆安防管理子系统。使用红外对射传感器、火焰传感器、烟雾传感器等物联网传感设备，实现场馆的安防管理子系统，当红外对射检测到非法入侵，或者检测到火焰、烟雾时报警灯闪烁，系统通过Socket通信方式通知保安安防移动子系统。保安安防移动子系统接到通知后，可关闭报警灯。

4）保安安防移动子系统。基于Android客户端实现监听场馆安防管理子系统发送的警情，实现保安对场馆的实时防卫。

5）奥体场馆导览子系统。实现对奥体主要场馆的Android移动端导览参观，获取ZigBee四通道温湿度值的显示，用户使用导览客户端在进入每个场馆时，都会对该场馆进行语音介绍等功能。

6）餐厅环境监控子系统。餐厅环境监控子系统包含于奥体场馆导览子系统中，通过ZigBee协议完成对相关ZigBee传感器数据的获取。

2．系统结构图

根据前面的业务分析描述，可以得出系统结构图，如图1-11所示。

3．系统用例图

奥体中心协同管理系统主要有3个角色：系统管理员、普通用户、安保人员。以下是系统用例图，如图1-12所示。

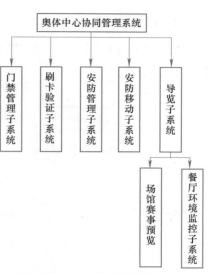

图1-11　系统结构图

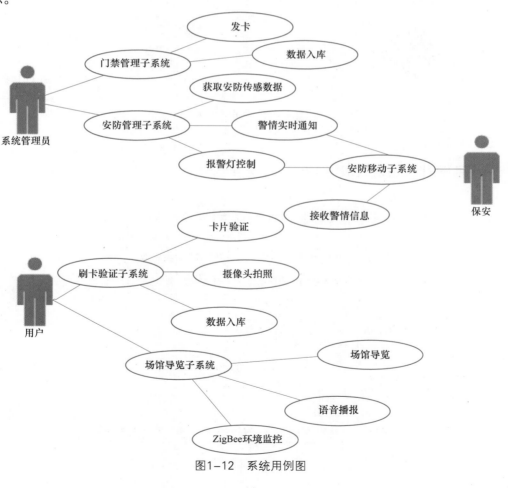

图1-12　系统用例图

4．物理架构图

根据系统用例图可以看出，本项目主要涉及的硬件设备与网络拓扑关系，其物理架构图如图1-13所示。

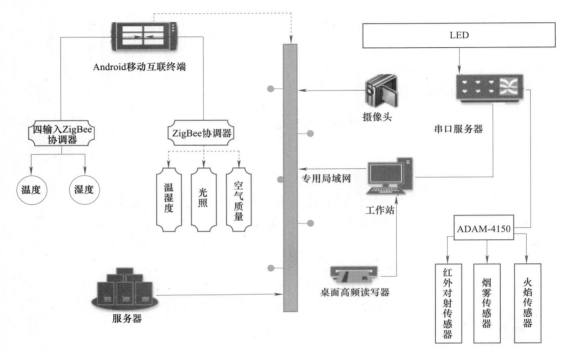

图1-13 物理架构图

5．开发框架图

以下是开发框架图，如图1-14所示。

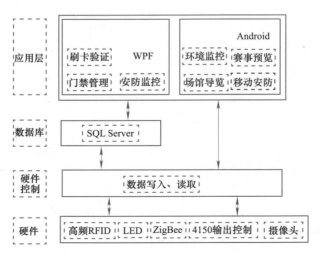

图1-14 开发框架图

6．运行架构图

以下是运行架构图，如图1-15所示。

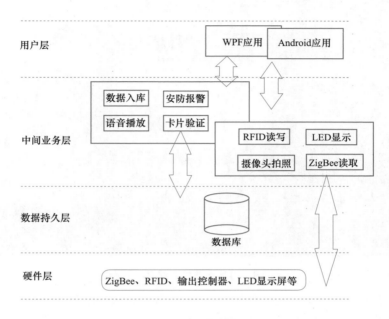

图1-15　运行架构图

7．技术方案

根据软件开发及使用的通用性，采用以下技术方案。

1）PC端开发环境。采用.NET（C#）开发，开发工具为Visual Studio 2012。

2）移动端开发环境。采用Android（Java）开发，开发工具为Eclipse 4.2.1，开发环境为JDK 1.7，运行环境在Android 2.2以上。

3）数据库开发环境。数据库开发环境采用MS SQL Server 2008 R2。

4）ZigBee开发环境。ZigBee开发环境采用IAR（C）。

8．原型设计

根据之前的分析，对各子系统的界面进行原型设计。

1）场馆门禁管理子系统：门禁管理发卡程序界面。门禁管理发卡程序界面设计如图1-16所示，其主要功能是完成奥体场馆管理端发卡。

图1-16 门禁管理发卡程序界面设计

2）场馆刷卡验证子系统：刷卡验证程序界面。用户进入场馆时，使用分发得到的卡片作为入场凭证，系统对用户进行拍照，并将拍照的图片数据保存到数据库。刷卡验证程序界面设计如图1-17所示。

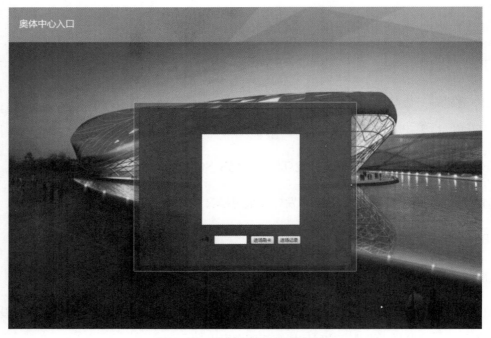

图1-17 刷卡验证程序界面设计

3）场馆刷卡验证子系统：进场记录查询界面。管理人员可以对进场记录进行查询。进场记录查询界面设计如图1-18所示。

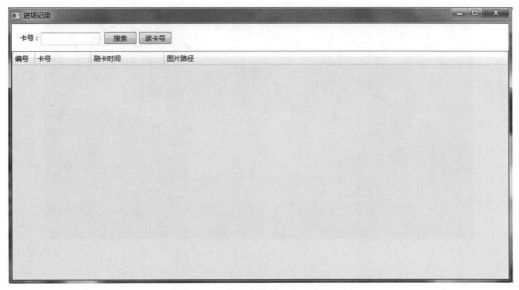

图1-18　进场记录查询界面设计

4）场馆安防管理子系统：安防管理程序界面。实现场馆的安防管理系统，当检测到非法入侵，或者检测到火焰、烟雾时报警灯闪烁，系统通知保安安防移动子系统，安防移动子系统接到通知后，可关闭报警灯。安防管理程序界面设计如图1-19所示。

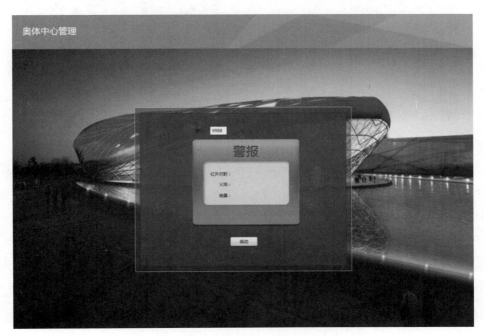

图1-19　安防管理程序界面设计

5）保安安防移动子系统：保安移动客户端界面。监听场馆安防管理子系统发送的警情，实现保安对场馆的实时防卫。保安移动客户端界面设计如图1-20所示。

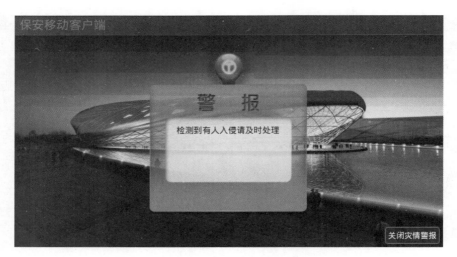

图1-20 保安移动客户端界面设计

6）奥体场馆导览子系统：场馆导览移动客户端主界面。实现对奥体主要场馆的Android移动端导览以及温湿度值的显示，用户使用导览客户端进入场馆时，会实现对该场馆进行语音介绍等功能。场馆导览移动客户端主界面设计如图1-21所示。

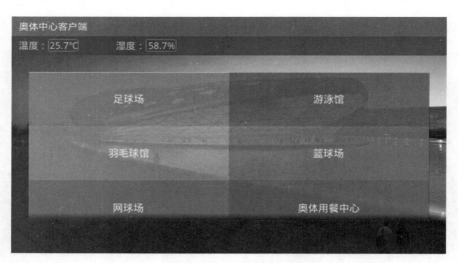

图1-21 场馆导览移动客户端主界面设计

7）奥体场馆导览子系统：奥体足球场馆界面。进入每个场馆后，会有赛事导览，以其中的足球场馆为例，奥体足球场馆界面设计如图1-22所示。

8）奥体场馆导览子系统：奥体羽毛球馆界面。奥体羽毛球场馆界面设计如图1-23所示。

图1-22　奥体足球场馆界面设计

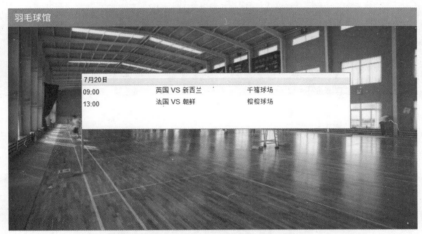

图1-23　奥体羽毛球场馆界面设计

9）奥体场馆导览子系统：奥体游泳馆界面。奥体游泳馆界面设计如图1-24所示。

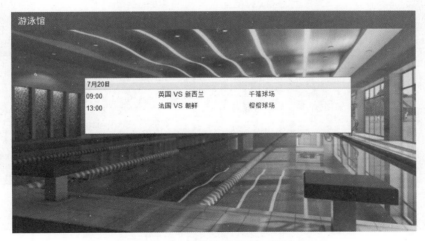

图1-24　奥体游泳馆界面设计

10）奥体场馆导览子系统：奥体网球场馆界面。奥体网球场馆界面设计如图1-25所示。

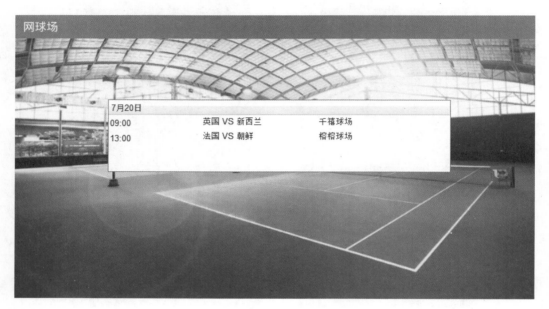

图1-25 奥体网球场馆界面设计

11）奥体场馆导览子系统：奥体篮球场馆界面。奥体篮球场馆界面设计如图1-26所示。

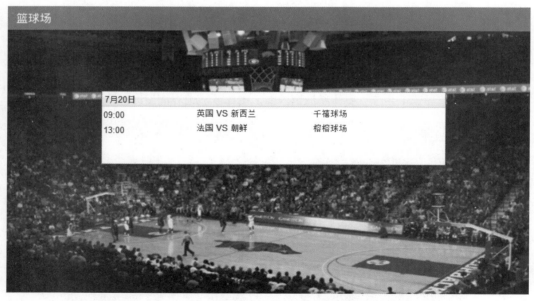

图1-26 奥体篮球场馆界面设计

12）餐厅环境监控子系统。餐厅环境监控子系统包含在奥体场馆导览系统中，实现了餐厅环境数据的显示。餐厅环境监控界面的设计如图1-27所示。

图1-27　餐厅环境监控界面设计

9. 流程处理

以下分别是发卡、刷卡验证、安防监测、移动安防、场馆导览、赛程预览及餐厅环境监控模块的流程图，如图1-28～图1-34所示。

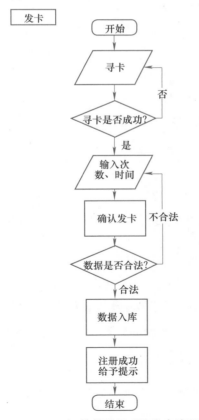

图1-28　门禁管理子系统发卡流程图

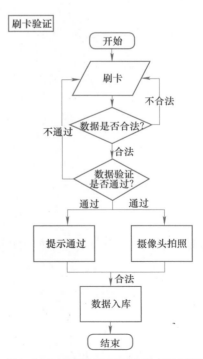

图1-29　刷卡验证子系统刷卡验证流程图

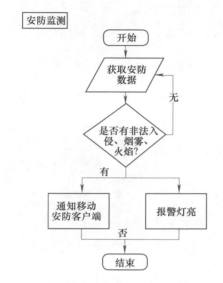

图1-30 安防管理子系统安防监测流程图

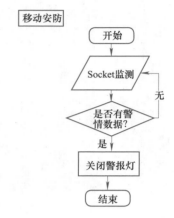

图1-31 移动安防子系统流程图

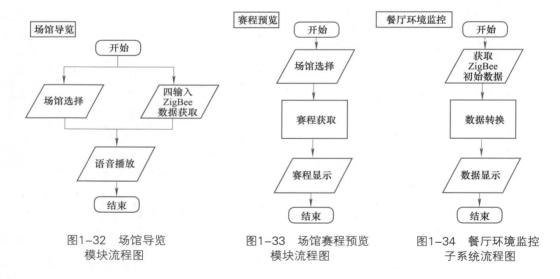

图1-32 场馆导览
模块流程图

图1-33 场馆赛程预览
模块流程图

图1-34 餐厅环境监控
子系统流程图

10. 数据库设计

根据之前的设计，从开发框架图及流程图可以看出，发卡及刷卡验证程序需要用到数据库，用于存放及验证用户卡数据；其次，奥体场馆导览子系统的每个场馆中会有赛事预览，所以项目的数据库设计主要涉及以下3张表。

（1）Fuser表（用户卡） Fuser表用于存放用户卡的相关数据，如用户卡卡号以及发卡时间。Fuser表的结构设计见表1-1。

表1-1　Fuser表（用户卡）

字 段 名 称	类 型	备 注
FID	int（自增长）	序号
FCardID	nvarchar	卡号ID
FTime	datetime	发卡时间

（2）FRecord表（进场记录）　FRecord表用于记录进场信息，在用户卡刷卡验证时，记录用户卡卡号、刷卡时间，同时还将摄像头抓拍照片的图片路径存入数据库。FRecord表的结构设计见表1-2。

表1-2　FRecord表（进场记录）

字 段 名 称	类 型	备 注
FID	int（自增长）	序号
FCardID	nvarchar	卡号ID
FImagePath	nvarchar	图片路径
FTime	datetime	刷卡时间

（3）FMatchPreview表（赛事预览）　FMatchPreview表用于存储赛事的相关数据，如比赛队伍对阵名称、比赛日期、比赛时间、比赛类型等。这些赛事信息会显示到场馆导览系统的每个场馆界面中。FMatchPreview表的结构设计见表1-3。

表1-3　FMatchPreview表（赛事预览）

字 段 名 称	类 型	备 注
FID	int（自增长）	序号
FAgainst	nvarchar	比赛队伍对阵名称
FMatchDate	DateTime	比赛日期
FMatchTime	datetime	比赛时间
FMatchType	nvarchar	比赛类型

小结与测评

【小结】

本项目首先对奥体中心项目的背景进行了介绍，然后根据项目背景对项目进行了需求分析以及系统概要设计。在学习过程中，读者可以了解项目设计的基本流程，研究如何对项目进行需求分析和系统概要设计，并可以学习项目文档的写作以及各种框图的绘制。

【测评】

读者可以根据下面的测评表（见表1-4），对学习成果进行自评或互评，以便对自己的学习情况有更清晰的认识。

表1-4 测评表

序　号	测评内容	配　分	得　分	备　注
1	需求分析	1分		能对项目进行需求分析得1分，根据需求分析的要点是否全面酌情扣分
2	系统概要设计	2分		能对项目进行系统概要分析得2分，根据系统概要设计的要点是否全面酌情扣分
3	文档写作	2分		能将需求分析形成文档得1分，能将系统概要设计形成文档得1分。根据文档的格式规范程度酌情扣分
	合计		5分	

Project 2

项目 ②

奥体中心项目应用环境安装部署

项目概述

从本项目开始，将依照项目1中项目设计的内容，进行项目实施。本项目将对整个奥体中心项目的应用环境进行安装搭建与部署，为后续的应用开发做好准备。

为了使学习更有针对性，本项目将分成3个任务进行阐述。在任务1中，主要介绍如何对感知层所需设备进行安装与连接；在任务2中，主要介绍如何对传输层各设备进行配置；在任务3中，主要完成应用层开发所需软件的部署与配置。项目最后将对整个过程进行总结与测评。

学习目标

- 了解物联网感知层的相关知识。
- 了解物联网传输层的相关知识。
- 了解物联网应用层开发的相关知识。
- 学会常用传感器设备的连接。
- 学会搭建局域网、配置无线路由器及串口服务器。
- 学会应用层开发所需软件的部署与配置。

任务1　感知层设备连接

任务描述

在本任务中，将依照项目1的任务3中的系统概要设计，对奥体中心项目感知层的各个设备进行安装、连接、配置、调试，完成系统感知层设备的安装与部署。

任务分析

根据项目功能需要，系统概要设计中设计了物理架构，如图2-1所示。

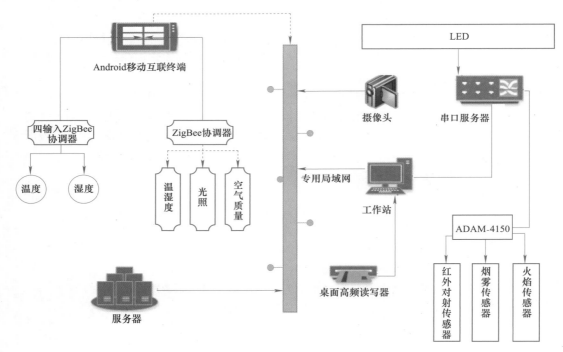

图2-1　物理架构

分析图2-1，本项目既用了数字量传感器，又用了模拟量传感器，因此，本项目可采用物联网工程应用系统2.0实训平台进行模拟实施，通过对照实训平台的硬件设备，对图2-1所涉及的设备进行安装、连接与部署。

知识准备

1. 传感器的定义

国家标准GB/T 7665—2005中对传感器的定义是："能感受被测量并按照一定的规律

转换成可用输出信号的器件或装置，通常由敏感元件和转换元件组成"。

中国物联网校企联盟认为，传感器的存在和发展，让物体有了触觉、味觉和嗅觉等感官，让物体慢慢变得活了起来。

传感器在韦式大词典中定义为："从一个系统接受功率，通常以另一种形式将功率送到第二个系统中的器件。"

传感器在美国仪表协会（Instrument Society of America，ISA）的定义是："传感器是把被测量变换为有用信号的一种装置，包括敏感元件、变换电路以及把这些元件和电路组合在一起的机构。"

ISA从传感器的结构组成角度给出了定义。根据该定义，传感器一般由敏感元件、转换元件和基本转换电路（简称为转换电路）3部分组成，如图2-2所示。

图2-2 传感器结构示意

敏感元件：传感器的核心部件，是感受被测量，并输出与被测量成确定关系的某一物理量的元件。图2-3所示为声敏感元件直接感受声波，把声波转变成一种声膜振动机械量，声音的大小跟振幅成一种线性关系。

转换元件：敏感元件的输出就是它的输入，它把输入转换成电路参量。如图2-3所示，将振动机械量按照一定规律转换为电压信号。

转换电路：上述电路参数接入转换电路，便可转换成电量输出。如图2-3所示，将电压信号转换为数字信号。

声波 → 声敏感元件 → 转换电路 → 数字信号

图2-3 传感器工作原理示意（以声传感器为例）

本书所述的感知层设备主要就是指传感器。

2．传感器的分类

传感器的种类多种多样，可按用途、原理、输出信号、作用形式等进行分类。

（1）按用途分类 传感器按用途可分为力敏传感器、位置传感器、液位传感器、能耗传感器、温度传感器、速度传感器、加速度传感器、射线辐射传感器和热敏传感器。

（2）按原理分类 传感器按原理可分为振动传感器、湿敏传感器、磁敏传感器、气敏传感器、真空度传感器和生物传感器等。

（3）按输出信号分类　传感器按输出信号可分为以下4类。

模拟传感器：将被测量的非电学量转换成模拟电信号。

数字传感器：将被测量的非电学量转换成数字输出信号。

膺数字传感器：将被测量的信号量转换成频率信号或短周期信号。

开关传感器：当一个被测量的信号达到某个特定的阈值时，传感器相应地输出一个设定的低电平或高电平信号。

（4）按作用形式分类　传感器按作用形式可分为主动型传感器和被动型传感器。

主动型传感器又有作用型和反作用型，此种传感器能对被测对象发出一定探测信号，并检测探测信号在被测对象中所产生的变化，或者由探测信号在被测对象中产生某种效应而形成信号。检测探测信号变化方式的传感器称为作用型，检测产生响应而形成信号方式的传感器称为反作用型。雷达与无线电频率范围探测器是作用型实例，而光声效应分析装置与激光分析器是反作用型实例。

被动型传感器只是接收被测对象本身产生的信号，如红外辐射温度计、红外摄像装置等。

3．无线传感器基础知识

智能环境模块由各类有线传感器和无线传感器组成。无线传感器就是目前工业、军事、医疗等领域中广泛使用的无线传感器网络中的终端设备。在无线传感器网络中，传感器与传感器、传感器与协调器之间的通信是通过无线进行数据收发的，一般所使用的频段是2.4GHz，而无须利用线缆等传输介质作为数据传输的通道。这就需要在无线传感器中内置采用无线局域网协议进行编码的程序，才能实现数据的无线传输。目前用于传感器进行无线数据收发的无线局域网协议是ZigBee协议。

无线传感器的供电可采用两种方式，一种是在传感器中直接内置电池，另一种是通过直接连接电源适配器进行供电。

4．有线传感器基础知识

有线传感器是指发送和接收数据是通过线缆作为传输介质来实现的传感器。有线传感器分为数字量有线传感器和模拟量有线传感器。模拟量有线传感器又可分为电流式传感器和电压式传感器。

数字量有线传感器的输出只有两种情况，而模拟量有线传感器的输出则是根据被测量的不同而不断变化的，有多个数值。

由于电流信号使用远距离传送时不会有衰减现象，而电压信号远距离传输时则会在导线上有压降，所以目前市面上的产品中使用的传感器大部分都是电流式传感器。

有线传感器一般采用三线制，即一根电源线（电源正极）和两根信号线（正负极），其中一根共GND（电源和信号负极共用）。

现大多数传感器都向两线制发展，且在此基础上实现数据通信，四线制多用于功率大的传感器。

1. 重要设备的安装

按照图2-4将蓝线框起的设备安装到两个（左、右）实训工位上，要求设备安装工艺标准、正确，设备安装位置工整、美观。

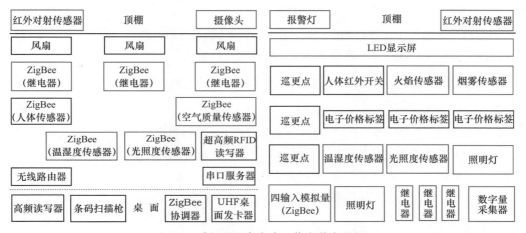

| 红外对射传感器 | 顶棚 | | 摄像头 | | 报警灯 | 顶棚 | | 红外对射传感器 |

图2-4　感知层设备左右工位安装布局图

各设备的安装方式如下。

（1）继电器的安装　继电器是一种电控制器件，是当输入量（激励量）的变化达到规定要求时，在电气输出电路中使被控量发生预定的阶跃变化的一种电器，其设备外形及各引脚如图2-5所示。

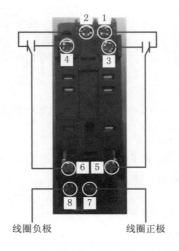

图2-5　继电器的设备外形及各引脚

如图2-5所示，在接线方面，7口是设备信号，8口是继电器工作电压（24V），5口、6口根据设备情况接相关电源，3口（-）、4口（+）连接设备的电源。当继电器开关闭合时，5口（-）、6口（+）电源和3口、4口电源连接并工作。

继电器具有控制系统（又称为输入回路）和被控制系统（又称为输出回路）之间的互动关系。通常应用于自动化的控制电路中，它实际上是用小电流去控制大电流运作的一种"自动开关"，故在电路中起着自动调节、安全保护、转换电路等作用。

针对继电器的安装，直接将其扣在凹形小铝条上。

（2）温湿度传感器的安装　温湿度传感器的设备如图2-6所示。

温湿度传感器的引出线有4根，分别是红线、黑线、绿线、蓝线。其中，红线接电源适配器，黑线为接地线，绿线是湿度信号线，蓝线是温度信号线。

针对温湿度传感器的安装，直接在如图2-6所示的设备左右侧安装孔用螺钉将底座固定于工位上。

（3）光照度传感器的安装　光照度传感器是指能够将可见光转换成某种电量的传感器。其工作原理为采用先进光电转换模块，将光照强度值转化为电压值，再经调理电路将此电压值转换为具体的数值，具有测量范围宽、使用方便、便于安装、传输距离远等特点，可广泛用于温室、实验室、养殖、建筑、高档楼宇、工业厂房等场所测量光线强度。其设备如图2-7所示。

图2-6　温湿度传感器　　　　　　　　　　图2-7　光照度传感器

光照度传感器的引出线有3根，分别是红线、黑线、黄线。其中，红线接电源适配器，黑线为接地线，黄线是信号线。

针对光照度传感器的安装，直接在如图2-7所示的设备左右侧安装孔用螺钉将底座固定于工位上。

（4）报警灯的安装　报警灯的设备如图2-8所示。

该报警灯采用ABS（丙烯腈-丁二烯-苯乙烯）材料，工艺性好、抗冲击力强。其采用了聚碳酸酯材料，表面经镀膜强化处理，透明度>9级，由24只LED高亮形灯管。频闪灯采用优质进口LED灯管和特制驱动电路，能耗小，光效强，使用寿命在5万小时以上。

在安装报警灯到工位上时，将报警灯底座用螺钉固定到工位上，其红线接继电器的4口，黑线接继电器的3口。

（5）红外对射传感器的安装　红外对射传感器的工作电压为12V，探测范围为15m，其设备如图2-9所示。

红外对射传感器的安装

图2-8　报警灯　　　　　　图2-9　红外对射传感器

在安装红外对射传感器时，底座安装在支架上，支架固定在工位上方，对射接在两个工位上，面对面放置，相距一定的距离。其最佳安装高度大于20cm，安装距离不小于2m。安装时应使用红外保护装置垂直放置，并在同一水平线上，先安装接收部分，再安装发射部分，当在同一直线时，接收器中的灯为灭，然后固定，把线接好即安装完成。

（6）LED显示屏的安装　此处LED显示屏采用挂装的方式进行安装，将屏背面的挂装孔位用螺钉固定到工位上。

（7）火焰传感器的安装　火焰传感器是专门用来搜寻火源的传感器，当然也可以用来检测光线的亮度，只是该传感器对火焰特别灵敏。火焰传感器利用红外线对火焰非常敏感的特点，使用特制的红外线接收管来检测火焰，然后把火焰的亮度转化为高低变化的电平信号，输入到中央处理器中，中央处理器根据信号的变化做出相应的程序处理。

火焰传感器如图2-10所示。

在安装火焰传感器时，先将底座旋下与探测器分离，接好线后再将底座旋上。

（8）烟雾传感器的安装　烟雾探测器，也被称为感烟式火灾探测器、烟感探测器、感烟探测器、烟感探头和烟感传感器，主要应用于消防系统，在安防系统建设中也有应用。它是一种典型的由太空消防措施转为民用的设备。

烟雾传感器如图2-11所示。

图2-10 火焰传感器正面及背面

图2-11 烟雾传感器正面及背面

在安装烟雾传感器时，先将底座旋下，与探测器分离，接好线后再将底座旋上。

（9）照明灯的安装 照明灯如图2-12所示。

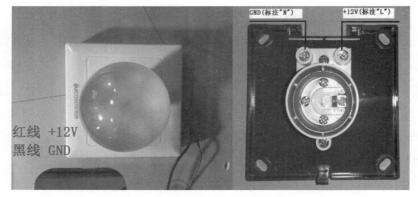

图2-12 照明灯正面及背面外形图

在安装照明灯时，灯座下方有3个拆解卡扣，将盖子打开，用螺钉将底座固定在工位上，底座上的出线孔可自行拆除。接线时，接线柱上有标"N"的一方为电源负极，标"L"的一方为电源+12V，安装完将盖子装上，再旋上灯泡即可。

（10）空气质量传感器的安装 空气质量传感器内部包含一个常规的两电极燃料电池传感器。工作电极通过外电路将电子释放到计数电极，且在计数电极端随着氧的减少而消耗，内电路由电解液中的离子流来实现。该传感器对酒精、香烟、氨气、硫化物等各种污染源都有极高的灵敏度，具有响应时间快、工作稳定、价格便宜等特点。其设备模块如图2-13所示。

将ZigBee底板安装在亚格力板上，再将底板用螺钉固定在工位上，接5V的电源适配器。

（11）摄像头的安装　首先是摄像头支架的安装，将摄像头支架用螺钉固定到工位上，如图2-14所示。

图2-13　空气质量传感器

图2-14　摄像头支架的安装

将摄像头支架安装好后，将摄像头顶部的旋孔用支架上的旋钮固定，如图2-15所示（摄像头的安装见本书配套资源中"项目2\任务1：感知层设备连接"文件夹中的"摄像头安装"）。

图2-15　摄像头的安装

（12）四输入模拟量采集器的安装　四输入模拟量采集器即4路通道的ZigBee采集模块，用于采集模拟信号量，接在ZigBee板上，将采集到的模拟信号量通过ZigBee传输采集信息，其设备如图2-16所示。

与ZigBee对接部分

对接点

图2-16　四输入模拟量采集器的安装

在安装该设备时，先将配上的长方形小塑料板安装在工位上，把设备表面的两颗螺钉旋松，再把设备背后螺钉孔对准长方形小塑料板，将设备安装在塑料板上。

（13）数字量采集器的安装　数字量采集器是一款智能型485总线采集开关量信号的数据采集模块，采用Modbus远程终端单元（Remote Terminal Unit，RTU）协议，方便直接接入各种组态软件。

本次任务采用的数字量采集器是ADAM-4150系列采集器，其设备如图2-17所示。

数字量采集器的安装

图2-17　ADAM-4150系列采集器

此系列数字量采集器具有如下特点。

1）数字量采集和开关控制与RS-485总线相互完全隔离，与整个系统隔离。

2）电源具有防反接功能，一旦接错电源线，则会自动切断电源，保护整个模块不被损毁；带有过压保护功能，当电压过高时，自动断开，保护整个模块不被损毁。

3）RS-485接口具有600W防雷防浪涌保护功能，带有3000V光电隔离。

4）采用Modbus协议，通用性好，可以很方便地与其他系统对接，客户也可以依据自己的需求，定制相关协议，方便灵活。

5）通信线路采用RS-485总线，支持多个模块并联使用，便于扩充系统，可扩展性好。

数字量采集器的主要技术参数见表2-1。

表2-1　数字量采集器的主要技术参数

序　号	名　称	参　数
1	接口特性	串口符合EIA中的RS-485协议
2	传输介质	超五类双绞屏蔽线或者485专用线
3	传输速率	300～115200bit/s（默认为9600bit/s，其他波特率定制）
4	工作方式	异步工作，点对点或多点，2线半双工
5	使用环境	保护温度为-20～60℃，湿度为5%～95%
6	隔离度	隔离电压为3000V
7	电气接口	工业接线端子
8	外观尺寸	长×宽×高为120mm×80mm×25.5mm（带接线端子尺寸为140mm×105mm×25.5mm）
9	防雷保护	600W TVS二极管防雷防浪涌
10	传输距离	RS-485端为1200m
11	I/O点数	12路采集，4路控制

目前，数字量采集器主要应用的领域有电梯控制系统、空调自动控制系统、交通自动化控制系统、机房监控系统、电力监控系统、安防监控系统、防盗报警系统、环境监测系统和石油管道监控系统。

针对数字量采集器的安装，先将配上的长方形小塑料板安装在工位上，把数字量采集器表面的两颗螺钉旋松，再把其背后螺钉孔对准长方形小塑料板，将其安装在塑料板上（见本书配套资源"项目2\任务1：感知层设备连接"文件夹中的"数字量采集器及其设备安装"）。

2．数字量采集器的连接

将数字量采集器（即ADAM-4150系列采集器）与485转232转换器正确连接，并正确连接供电，其连接方式如图2-18所示。

其中，485转换接口是将采集设备上采集到的数据通过转换接口，用串口转接到终端设备上，通过终端来分析采集到的数据，其设备外形如图2-19所示。

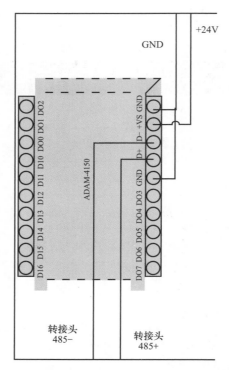

图2-18 数字量采集器与485转232转换器的接线图

图2-19 485转换接口

完成上述连接后，将移动互联终端开箱，放置在桌面上，连接好相应的电源适配器，将数字量采集器ADAM-4150的RS-485转换模块串口接入移动互联终端COM口。

3. 部分设备的供电与测试

参照表2-2，将部分数字量传感器正确进行供电，并连接至"数字量采集器ADAM-4150"的信号端子上，要求接线工艺标准、规范，连线外观工整、美观。

表2-2　数字量传感器的连接设备

序　号	传感器名称	供 电 电 压	数字量采集器
1	报警灯	12V	DO0
2	1#照明灯（左边）	12V	DO1
3	2#照明灯（右边）	12V	DO2
4	火焰传感器	24V	DI1
5	烟雾传感器	24V	DI2
6	红外对射传感器	24V	DI4

数字量采集器ADAM-4150需与报警灯、1#照明灯（左边）、2#照明灯（右边）、火焰传感器、烟雾传感器、红外对射传感器进行连接，其连接方式如图2-20所示。

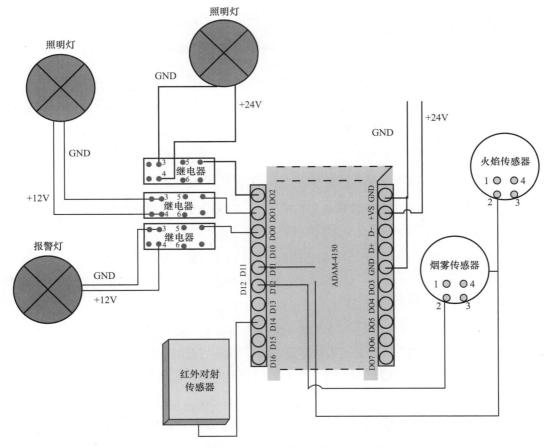

图2-20　数字量采集器与部分数字量传感器连接

在实际的操作中，数字量传感器设备需依次与各个数字量采集器连接并调试其连接正确后，再连接下一个设备，其具体操作如下。

（1）1#照明灯（左边）的连接与调测　1#照明灯（左边）与数字量采集器的连接方式如图2-21所示。

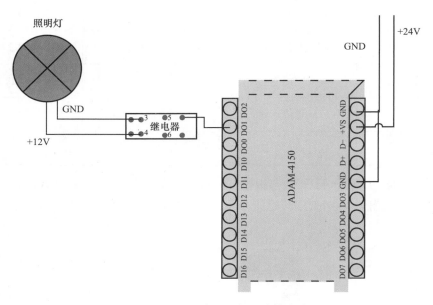

图2-21　第一个照明灯的连接方式

1#照明灯（左边）的正极（红线）接继电器4接口，负极（黑线）接继电器3接口，继电器的7口（设备信号口）接数字量采集器的DO1上。照明灯的背面有接线柱，标"N"的一方为电源负极，标"L"的一方为电源+12V。

在将照明灯与继电器及采集器连接好后，即可对其进行调试，步骤如下。

1）用信号线分别将485无源转换器的T/R+、T/R-接线口与数字量采集器DATA+、DATA-接线口连接，然后将485无源转换器插入PC的COM端口。

2）打开指令测试工具（见本书配套资源"项目2\任务1：感知层设备连接"文件夹中的"指令测试工具"），选择"COM1"，将"波特率"设置为"9600"，单击"打开串口"按钮，如图2-22所示。

3）在"单字符串发送区"（用十六进制发送）选项组中输入照明灯打开指令"01 05 00 11 FF 00 DC 3F"，单击"发送字符/数据"按钮，此时照明灯打开，"接收/键盘发送缓冲区"选项组中显示接收数据"01 05 00 11 FF 00 DC 3F"，如图2-23所示。

4）同理，在"单字符串发送区"选项组中输入照明灯关闭指令"01 05 00 11 00 00 9D CF"，单击"发送字符/数据"按钮，此时照明灯关闭，"接受/键盘发送缓冲区"选项组中显示接收数据"01 05 00 11 00 00 9D CF"，如图2-24所示。

图2-22　使用串口助手工具打开串口

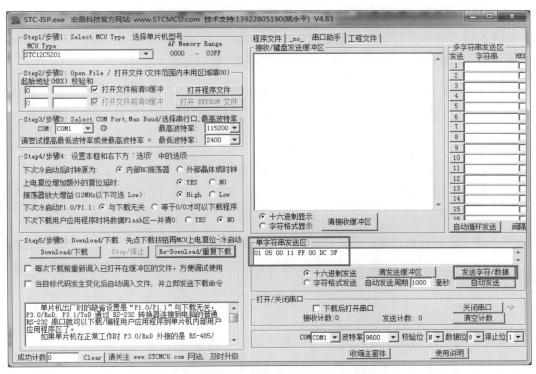

图2-23　通过串口助手向数字量采集器发送指令

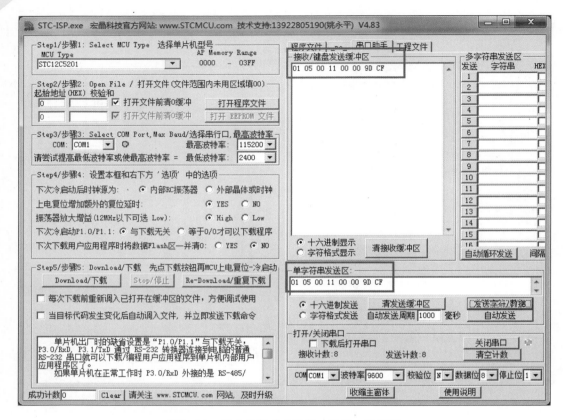

图2-24 指令发送成功后串口助手工具界面

如上所述，若照明灯与继电器及采集器连接正确，则在串口调试助手数据接收区即可显示相应接收到的数据；若连接不正确，则不能显示相应数据。

（2）2#照明灯（右边）的连接与调测 该照明灯在右边，与继电器及数字量采集器的连接方法与1#照明灯（左边）的连接方法类似，只是此时的继电器7口接到数字量采集器的DO2上。

根据前面介绍的串口调试器调试方法，输入指令"01 05 00 12 FF 00 2C 3F"打开2#照明灯（右边）进行测试，输入指令"01 05 00 12 00 00 6D CF"关闭2#照明灯（右边）进行测试。

（3）报警灯的连接与调测 针对报警灯与继电器及数字量采集器的连接，可根据前面方法，将报警灯的红线接继电器4口，黑线接继电器3口，而继电器的7口则接到数字量采集器的DO0上。

将报警灯与继电器及采集器连接好后，通过"01 05 00 10 FF 00 8D FF"（打开）和"01 05 00 10 00 00 CC 0F"（关闭）测试指令来测试其是否连接正确。

（4）火焰传感器的连接与调测 火焰传感器的外接线如图2-25所示。

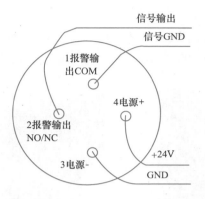

图2-25　火焰传感器的外接线

针对火焰传感器与数字量采集器的连接，按照其接线端子说明，信号输出接在数字量采集器的DI1上。

在将火焰传感器与数字量采集器连接好后，对其进行测试，其测试方法为：用打火机点火置于火焰传感器前下方（5~30cm），等待两颗闪烁的指示灯长亮，指示灯长亮说明火焰传感器触发，检测到火焰，从而得出设备连接正确。

（5）烟雾传感器的连接与调测　烟雾传感器的外接线如图2-26所示。

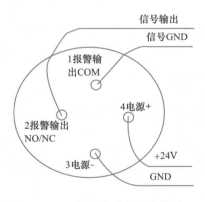

图2-26　烟雾传感器的外接线

针对烟雾传感器与数字量采集器的连接，按照其接线端子说明，信号输出接在数字量采集器的DI2上。

在将烟雾传感器与采集器连接好后，对其进行测试，其测试方法为：触控烟雾传感器左边触控按钮，烟雾传感器发出连续蜂鸣声，出现指示灯长亮。指示灯长亮加蜂鸣器长鸣，说明烟雾传感器触发，检测到烟雾。或者在探测器附近用实际烟雾进行检测。

（6）红外对射传感器的连接与调测　红外对射传感器的外接线如图2-27所示。

针对红外对射传感器与数字量采集器的连接，按照其接线端子说明，信号线接到数字量采集器的DI4上。

在将红外对射传感器与数字量采集器连接好后，对其进行测试，其测试方法为：用手遮住红外对射线，数字量采集器的DI4指示灯亮，说明该设备正确连接。

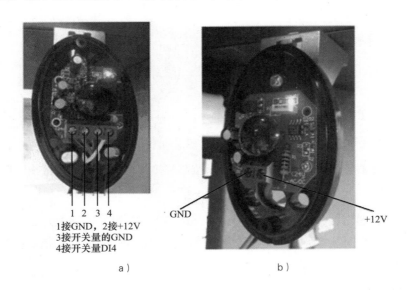

1接GND，2接+12V
3接开关量的GND
4接开关量DI4

a）

GND   +12V

b）

图2-27　红外对射传感器的外接线

a）左工位　b）右工位

注意：由于本产品发射功率较大，因此当发射器和接收器距离太近时会出现无反应现象，此时应将它们拉开至少1m后再试，当安装距离太近时，出现不灵敏现象，可把发射器和接收器中的聚光透镜除下，即可提高灵敏度。

4．传感器与ZigBee四输入模拟量采集器的连接

参考表2-3，将部分模拟量传感器正确供电，并连接到ZigBee四输入模拟量采集器上，要求接线工艺标准、规范，连线外观工整、美观。

ZigBee四输入模拟量采集器及其设备安装调试

表2-3　ZigBee四输入模拟量采集器的连接设备

序　号	传感器或硬件名称	供电电源	接 入 方 式
1	光照传感器	24V	ZigBee采集模块IN1
2	温湿度传感器	24V	湿度ZigBee采集模块IN3 温度ZigBee采集模块IN2

四输入模拟量采集器需与光照传感器、温湿度传感器进行连接，其连接方式如图2-28所示。

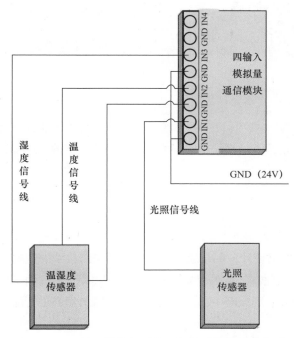

图2-28　四输入模拟量采集器与传感器的接线方式

四输入模拟量采集器与传感器的实物接线如图2-29所示。

图2-29　四输入模拟量采集器与传感器的实物接线

（1）光照传感器与四输入模拟量采集器的连接　在对光照传感器与四输入模拟量采集器进行连接时，将光照传感器外接的红线接+24V，黑线接GND，黄线接四输入模拟量采集器的IN1上。

（2）温湿度传感器与四输入模拟量采集器的连接　在对温湿度传感器与四输入模拟量采集器进行连接时，温湿度传感器外接线的红线接+24V，黑线接GND，绿线的湿度信号线接在四输入模拟量采集器的IN3上，蓝线的温度信号线接在四输入模拟量采集器的IN2上。

注意，如果用户现有的传感器只有3根线，则不需要接地，也可以正常使用。

为了检测上述连接是否正确，需进行调试。具体调试请参考本书相应视频资料（见本书配套资源"项目2\任务1：感知层设备连接"文件夹中的"ZigBee四输入模拟量采集器及其设备安装调试"）。

任务2　　传输层设备配置

任务描述

在本任务中，将依照本书项目1中的系统概要设计，对奥体中心项目传输层各个设备进行安装、连接、配置和调试，完成系统传输层的部署，使系统传输层连接通畅并保证各个设备能正常工作。

任务分析

根据本书项目1的概要设计，前端感知层的设备需将采集到的数据发送到后端平台上，需保障其网络传输通道，因此本任务采用物联网工程应用系统2.0实训平台进行模拟实施，对传输层设备中的无线路由器、局域网中各设备的IP及串口服务器等进行配置与设置。

知识准备

1. 路由器（见图2-30）

图2-30　路由器

路由器（Router），是连接互联网中各局域网、广域网的设备，它会根据信道的情况自动选择和设定路由，以最佳路径，按前后顺序发送信号。路由器是互联网络的枢纽，相当于"交通警察"的角色。目前路由器已经广泛应用于各行业，各种不同档次的产品已成为实现各种骨干网内部连接、骨干网间互联和骨干网与互联网互联互通业务的主力军。路由和交换机之间的主要区别就是交换机发生在开放式系统互联（Open System Interconnection, OSI）参考模型第二层（数据链路层），而路由发生在第三层，即网络层。这一区别决定了路由和交换机在移动信息的过程中需使用不同的控制信息，所以说两者实现各自功能的方式是不同的。

路由器又称为网关（Gateway）设备，是用于连接多个逻辑上分开的网络。所谓逻辑网络是代表一个单独的网络或者一个子网。当数据从一个子网传输到另一个子网时，可通过路由器的路由功能来完成。因此，路由器具有判断网络地址和选择IP路径的功能，它能在多网络互联环境中，建立灵活的连接，可用完全不同的数据分组和介质访问方法连接各种子网，路由器只接受源站或其他路由器的信息，属于网络层的一种互联设备。

2．局域网技术

局域网是一个在有限地理范围内，允许多个相互独立的设备以一定速率在共享介质上进行通信的系统。它是相对于城域网和广域网而言的。

局域网具有以下特点。

1）通信速率高，一般为基带传输，数据传输率为1~1000Mbit/s或更高。

2）地理范围有限，一般为10m~10km。

3）采用广播或组播通信。

4）采用多种通信介质，可连接几百个相互独立的设备。

局域网常采用广播型的拓扑结构，常见的拓扑结构有总线型、星形和环形3种。

局域网一般由服务器、用户工作站和网络互联设备组成。

1）服务器。服务器提供各种网络服务，如文件服务器用于控制网络工作运行，接收用户工作站提出的数据传送或文件存取服务请求，同时为用户工作站提供大容量硬盘空间。

2）用户工作站。用户工作站通过网络接口卡、传输介质、通信设备以及通信程序与服务器通信，与网络中其他工作站交换信息，共享网络资源。

3）网络互联设备。网络互联设备主要包括网络接口卡、收发器、中继器、网桥和路由器等。

3．串口服务器（见图2-31）

图2-31　串口服务器

串口服务器提供串口转网络功能，能够将RS-232/485/422串口转换成TCP/IP协议网络接口，实现RS-232/485/422串口与TCP/IP协议网络接口的数据双向透明传输，或者支持MOUBUS协议双向传输，使得串口设备能够立即具备TCP/IP网络接口功能，连接网络进行数据通信，扩展串口设备的通信距离。

串口服务器的特点是：内部集成地址解析协议（Address Resolution Protocol，ARP）、IP、TCP、超文本传输协议（Hyper Text Transfer Protocol，HTTP）、互联网控制报文协议（Internet Control Message Protocol，ICMP）、SOCK5、用户数据报协议（User Datagram Protocol，UDP）、域名系统（Domain Name System，DNS）等协议，为RS-485/422转换提供数据自动控制功能；为RS-232/422/485实现三合一串行接口提供基础支撑；支持动态IP（动态主机配置协议）和静态IP（固定IP地址），支持网关和代理服务器，可以通过Internet传输数据；提供数据双向透明传输，用户不需要对原有系统做任何修改；所有串口内置600W防雷保护；10/100M以太网、自动侦测直连或交叉线；可以同时支持多个连接。它的工作方式有全双工或半双工，传输距离可以达到100m，接口形式是RJ45。

串口服务器的工作方式有以下3种。

1）TCP/UDP通信模式。在该模式下，串口服务器成对的使用，一个作为服务端（Server端），一个作为客户端（Client端），两者之间通过IP地址与端口号建立连接，实现数据双向透明传输。该模式适用于将两个串口设备之间的总线连接改造为TCP/IP网络连接。

2）使用虚拟串口通信模式。在该模式下，一个或者多个转换器与一台计算机建立连接，支持数据的双向透明传输。计算机上的虚拟串口软件管理下面的转换器，可以实现一个虚拟串口对应多个转换器，N个虚拟串口对应M个转换器（$N \leqslant M$）。该模式适用于串口设备由计算机控制的485总线或者232设备的连接。

3）基于网络通信模式。在该模式下，计算机上的应用程序基于套接字协议（Socket协议）编写了通信程序，在转换器设置上直接选择支持Socket协议即可。

1．无线路由器的配置

按照表2-4中的各项无线网络配置要求，通过对无线路由器的设定，完成无线局域网络的搭建（备注：无线路由器的默认地址为"192.168.0.1"，默认用户名为"admin"，密码为空，见本书配套资源中项目2\任务2：传输层设备配置文件夹中的"路由器安装配置"）。

表2-4　无线网络所需配置的参数

序　　号	设　　备	参　数　值
1	无线网络名SSID	newland[工位号]
2	无线网络密钥	任意设定
3	无线加密模式	有线等效保密（Wired Equivalent Privacy，WEP）加密模式（128 bit）
4	路由器IP地址	192.168.[工位号].1

具体操作步骤如下。

1）将无线路由器接通电源适配器后，长按路由器后的重置按钮6~7 s，让系统重置；然后将主控PC用网线连接至无线路由器的局域网（Local Area Network，LAN）端口。路由器LAN端口，如图2-32所示，注意是接普通网线的接口，不是连接外部的Internet端口。

无线路由器的配置

图2-32　无线路由器各接口示意

2）在主控PC上打开IE，输入192.168.0.1，进入路由器管理界面。输入用户名和密码（用户名为admin，密码为空）后单击"登录"按钮，如图2-33所示。

图2-33　无线路由器登录界面

3）选择网络设置，这里选择工位号为1，因此设置路由器IP地址为192.168.1.1，修改之后单击"保存设定"按钮，如图2-34所示。

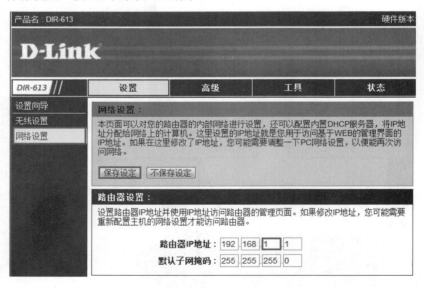

图2-34　无线路由器网络设置界面一

IP地址修改成功后，系统会要求重新登录，再次执行第2步重新登录路由器。

4）单击"无线设置"，因此处选择工位号为1，因此设置无线网络标识SSID为newland1，无线网络密钥任意设定，无线加密模式采用"WEP加密模式（128 bit）"，设置完后单击"保存设定"按钮，如图2-35所示。路由器将会重启，需重新登录后查看配置结果。

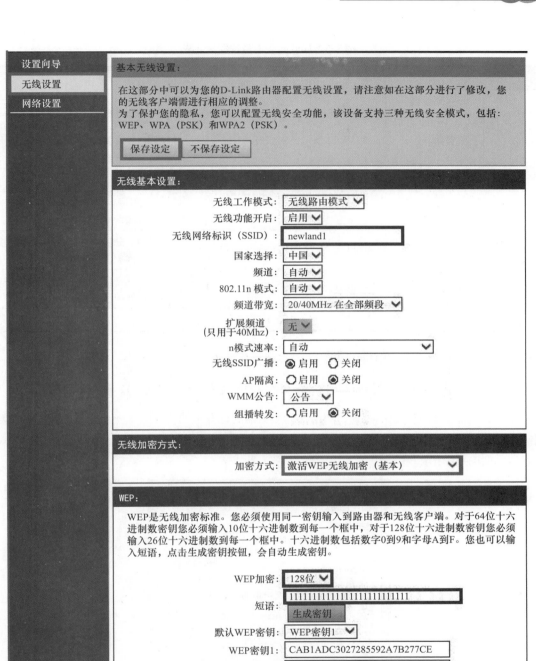

图2-35 无线路由器网络设置界面二

2. 局域网各设备的IP配置

按照表2-5对局域网中各设备配置IP地址。这里的"工位号"是指学生所在的工位号，如工位号是1，则无线路由器的IP地址是192.168.1.1。

表2-5　局域网各设备IP配置要求

序　号	设 备 名 称	连 接 方 式	设备IP地址	备　　注
1	无线路由器	—	192.168.[工位号].1	
2	服务器	RJ45	192.168.[工位号].2	推荐PC开发的任务在服务器和工位站的计算机上进行开发，业务上有联网需要
3	工作站	RJ45	192.168.[工位号].3	
4	开发机			无需联网，建议做Android开发或ZigBee开发
5	摄像机	WiFi	192.168.[工位号].4	需要安装驱动，驱动在本书配套资源中
6	串口服务器	RJ45	192.168.[工位号].5	需要安装驱动，驱动在本书配套资源中
7	移动互联终端	RJ45	192.168.[工位号].6	

针对表2-5中各设备的IP地址配置，其具体操作如下。

1）无线路由器的IP配置参照"1. 无线路由器的配置"中的步骤D。

2）针对服务器IP地址的配置，单击作为服务器的计算机的"开始"→"控制面板"→"网络和Internet"→"网络和共享中心"→"本地连接"→"属性"，打开"本地连接属性"对话框，如图2-36所示。

图2-36　服务器IP地址配置界面一

用鼠标左键双击 Internet 协议版本 4 (TCP/IPv4)，在弹出的对话框中，对服务器的IP地址进行更改，如图2-37所示，更改完成后，单击"确定"按钮。

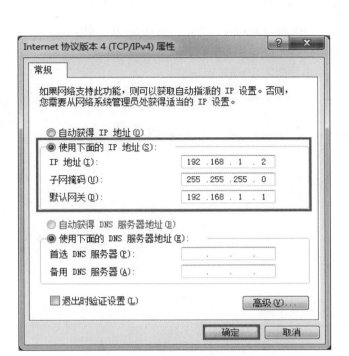

图2-37　服务器IP地址配置界面二

注意，此处的默认网关应为之前设置的路由器的IP地址，即192.168.1.1。

3）工作站IP地址的配置与服务器IP地址的配置类似，参照上述步骤2），最终配置出来的界面如图2-38所示。

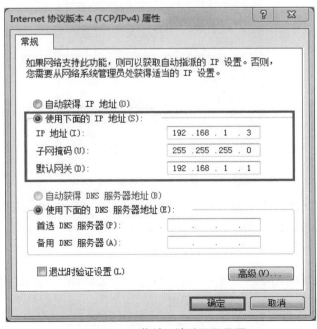

图2-38　工作站IP地址配置界面

4）摄像机IP地址的配置，需先安装摄像机驱动程序（摄像机驱动程序见本书配套资源中项目2\任务2：传输层设备配置文件夹中的"网络摄像头IP配置驱动"），安装好之后，双击桌面上的快捷图标，弹出如图2-39所示对话框。

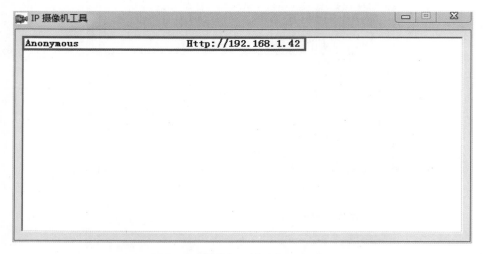

图2-39　摄像机IP地址配置界面一

在图2-39中，单击粗线框选的部分，再单击鼠标右键，在弹出的下拉菜单中选择"网络配置"，弹出如图2-40所示的对话框。

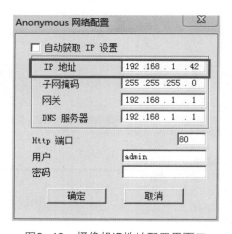

图2-40　摄像机IP地址配置界面二

在"IP地址"文本框中将192.168.1.42改为192.168.1.4，网关和DNS服务器采用上述步骤中路由器配置的IP，用户名设置为admin，密码为空，然后单击"确定"按钮，如图2-41所示，即可完成摄像机IP地址的修改。

针对摄像头IP地址的配置，也可采用另一种方法（见本书配套资源中项目2\任务2：传输层设备配置文件夹中的"摄像机IP地址的配置"）。

5）针对串口服务器IP的配置，双击 APORT_SEARCH.exe（见本书配套资源中项目2\任务2：传输层设备配置文件夹中的"串口服务器配置工具"），出现如图2-42所示的对话框。

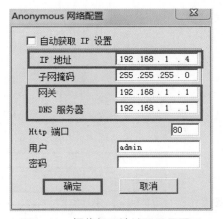

图2-41　摄像机IP地址配置界面三

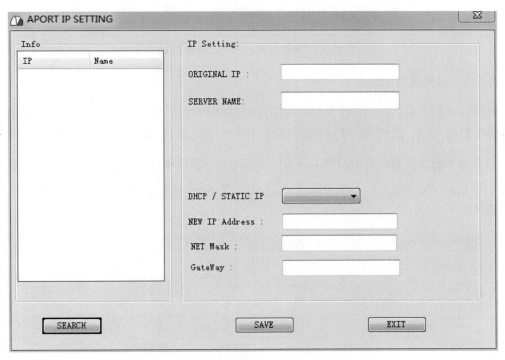

图2-42　串口服务器IP地址配置界面一

单击图2-42中的"SEARCH"按钮，当搜索到串口服务器的IP时，则设置其IP地址，并将网关地址设置为之前配置的路由器IP地址，设置完成后单击"SAVE"按钮，如图2-43所示。

在接下来弹出的对话框中一直单击"确定"按钮即可完成串口服务器IP地址的配置。

6）针对移动互联终端IP的配置，将其IP地址设置为192.168.1.6，网关设置为192.168.1.1，网络掩码设置为255.255.255.0即可。

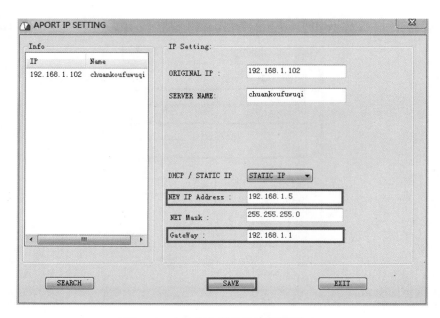

图2-43 串口服务器IP地址配置界面二

3. 检查各终端的IP地址

利用IP扫描工具，扫描并检查局域网中各终端的IP地址，要求检测到表2-5中要求的所有IP地址（192.168. [工位号]. 1～192.168. [工位号]. 6），具体操作步骤如下。

打开本书配套资源中的IP扫描工具（见本书配套资源中项目2\任务2：传输层设备配置文件夹中的"Advanced IP Scanner"），双击 ，弹出如图2-44所示对话框。

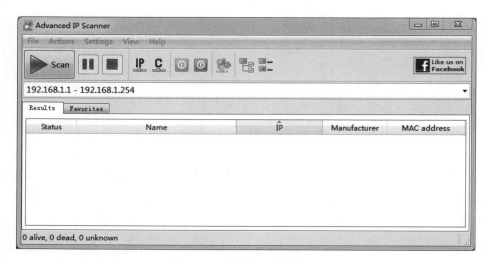

图2-44 IP扫描工具初始页面

在图2-44中，单击 Scan 按钮，即可扫描到所设置的各设备的IP地址，如图2-45所示。

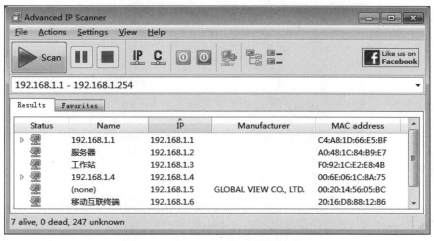

图2-45　各设备IP地址扫描结果

4．串口服务器的串口设置

设置串口服务器的COM端口分别为COM2、COM3、COM4和COM5（见表2-6）。

表2-6　串口相关参数设置要求

序　号	设　备	连接端口	端口号及波特率
1	无设备	1	COM2，9600Bd
2	ZigBee四模拟量采集模块	2	COM3，38400Bd
3	UHF超高频读写器	3	COM4，57600Bd
4	LED	4	COM5，9600Bd

具体操作步骤如下。

1）首先打开本书配套资源中的"串口服务器配置工具"文件夹，双击 🖼 ainstall.exe 进行安装，安装完成之后打开计算机中的"设备管理器"查看"多串口适配器"中的该驱动是否已经安装成功，若出现 🖳 多串口适配器 RAYON APORT IOP Driver 图标，则表示该驱动已安装成功。

2）双击打开本书配套资源中"串口服务器配置工具"文件夹下的 🖳 Aport_ap.exe ，出现如图2-46所示界面。

单击图2-46中的"Search"按钮，搜索串口服务器的IP地址，并把串口1～4的IP设置为所需要的IP地址，如图2-47所示。

按照图2-47设置完成后，单击"Save"按钮进行保存。

3）完成上述步骤1）和步骤2）后，双击图2-47中的 192.168.1.5　串口服务器 ，弹出如图2-48所示对话框。

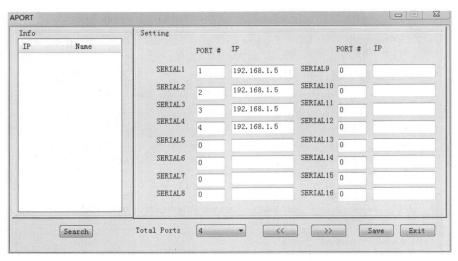

图2-46　串口服务器的串口设置界面一

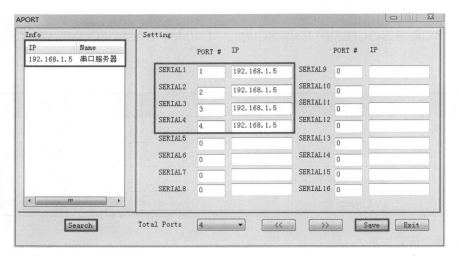

图2-47　串口服务器的串口设置界面二

图2-48　串口服务器的串口设置界面三

在图2-48中单击"Setting"按钮，进入如图2-49所示界面。

图2-49　串口服务器的串口设置界面四

在图2-49中，用户名处输入"admin"，密码处输入"11111"，然后单击"确定"按钮，进入如图2-50所示界面。

图2-50　串口服务器的串口设置界面五

在图2-50中，单击"serial"中的"setup"，进入各端口的设置界面，按任务要求，在"Port［1］"中设置波特率为"9600"、无设备，在"Port［2］"中设置波特率为"38400"、接ZigBee四模拟量采集模块，接着在"Port［3］"设置波特率为"57600"、接UHF超高频读写器，接着在"Port［4］"设置波特率为"9600"、接LED屏，最后单击"OK"按钮，如图2-51所示。

4）完成步骤3）后，单击图2-51中的"system"，然后单击其下的"setup"，在所出现的界面中单击"Restart Box"按钮，实现对串口服务器的重启，方可使前述对端口波特率的更改设置生效。

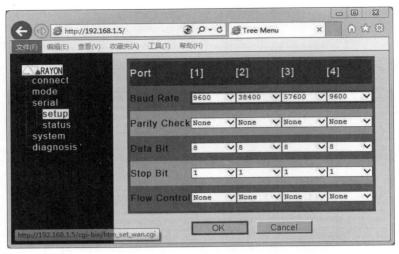

图2-51 串口服务器串口设置界面六

任务3 应用软件部署与配置

任务描述

在本任务中，主要完成对实训平台的部分应用场景系统的部署，具体为对数据库进行部署与配置，以满足对奥体中心相关数据资源的存储与管理等。

任务分析

根据本书项目1系统概要设计所述的需求，要完成奥体中心项目中各系统的实际功能，需安装数据库"RfidCard_2015.mdf"和"RfidCard_2015_log.ldf"以满足PC端及移动终端相关功能的开发。因此本次任务采用物联网工程应用系统2.0实训平台进行模拟实施，以完成在数据库软件SQL Server2008中进行相关数据库的添加。

知识准备

1. 数据库简介

数据库是按照数据结构来组织、存储和管理数据的"仓库"，是一个长期存储在计算机内的、有组织的、可共享的、统一管理的大量数据的集合。

这个计算机内部的"仓库"，存储着各种各样的文件，用户可以对文件中的数据进行增加、删除、修改、查询等操作。

数据库的基本结构分3个层次，反映了观察数据库的3种不同角度。

以内模式为框架所组成的数据库叫作物理数据层；以概念模式为框架所组成的数据库叫概念数据层；以外模式为框架所组成的数据库叫用户数据层。

1）物理数据层。物理层数据库是数据库的最内层，是物理存储设备上实际存储的数据的集合。这些数据是原始数据，是用户加工的对象，由内部模式描述的指令操作处理的位串、字符和字组成。

2）概念数据层。概念数据层是数据库的中间一层，是数据库的整体逻辑表示。它指出了每个数据的逻辑定义及数据间的逻辑联系，是存储记录的集合。它所涉及的是数据库所有对象的逻辑关系，而不是它们的物理情况，是数据库管理员概念下的数据库。

3）用户数据层。用户数据层是用户所看到和使用的数据库，表示了一个或一些特定用户使用的数据集合，即逻辑记录的集合。

数据库不同层次之间的联系是通过映射进行转换的。

数据库有以下主要特点。

1）实现数据共享。数据共享包括所有用户可同时存取数据库中的数据，也包括用户可以用各种方式通过接口使用数据库，并提供数据共享。

2）减少数据的冗余度。同文件系统相比，由于数据库实现了数据共享，从而避免了用户各自建立应用文件，减少了大量重复数据，也减少了数据冗余，维护了数据的一致性。

3）数据的独立性。数据的独立性包括逻辑独立性（数据库中数据库的逻辑结构和应用程序相互独立）和物理独立性（数据物理结构的变化不影响数据的逻辑结构）。

4）数据实现集中控制。在文件管理方式中，数据处于一种分散的状态，不同的用户或同一用户在不同处理中的文件之间毫无关系。利用数据库可对数据进行集中控制和管理，并通过数据模型表示各种数据的组织以及数据间的联系。

5）数据一致性和可维护性，以确保数据的安全性和可靠性。主要包括：①安全性控制，以防止数据丢失、错误更新和越权使用；②完整性控制，保证数据的正确性、有效性和相容性；③并发控制，使在同一时间周期内，允许对数据实现多路存取，又能防止用户之间的不正常交互作用。

6）故障恢复。由数据库管理系统提供一套方法，可及时发现故障和修复故障，从而防止数据被破坏。数据库系统能尽快恢复数据库系统在运行时出现的故障，可能是物理上或是逻辑上的错误，如对系统的误操作造成的数据错误等。

2．SQL Server 2008

SQL Server 2008在Microsoft的数据平台上发布，可以组织管理任何数据，可以将结构化、半结构化和非结构化文档的数据直接存储到数据库中，也可以对数据进行查询、搜索、同步、报告和分析等操作。数据可以存储在各种设备上，从数据中心最大的服务器一直到桌面计算机和移动设备，它都可以控制数据而不用管数据存储在哪里。

SQL Server 2008允许使用 Microsoft.NET 和Visual Studio开发的自定义应用程序中使用数据，在面向服务的架构（Service Oriented Architecture，SOA）和通过 Microsoft BizTalk Server进行的业务流程中使用数据。信息工作人员可以通过日常使用的工具直接访问数据。

任务实施

数据库的安装配置在已安装好的SQL Server 2008中，使用"sa"用户，密码为 "123456"，登录后附加数据库，本节中需附加的数据库如图2-52所示。

图2-52　所需附加的数据库

附加数据库的具体操作步骤如下。

1）找到本书配套资源中的数据库Database文件夹（见本书配套资源中项目2\任务3：应用软件部署与配置文件夹中的"Database"）。

2）将"Database"文件夹复制到计算机的D盘或E盘，但不能复制到桌面上。

3）使用"sa"账户登录SQL Server 2008 R2。

4）登录成功后，进入主界面，右击"数据库"，在弹出的快捷菜单中选择"附加"，如图2-53所示。

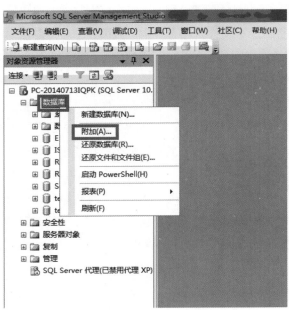

图2-53　附加数据库

5）接着出现如图2-54所示的界面。

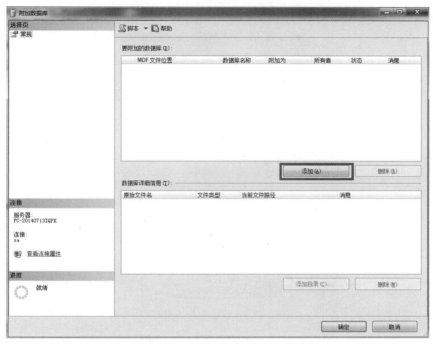

图2-54　附加数据库界面一

　　在图2-54中，单击"添加"按钮将会出现如图2-55所示的界面，选择刚才复制到硬盘上的"RfidCard_2015.mdf"和"RfidCard_2015_log.mdf"文件。注意一次只能附加一个，需分两次操作。

图2-55　附加数据库界面二

6）出现如图2-56所示界面表明数据库导入完成。

图2-56 数据库导入完成

7）如果在附加时出现错误，单击"确定"按钮，如图2-57所示。

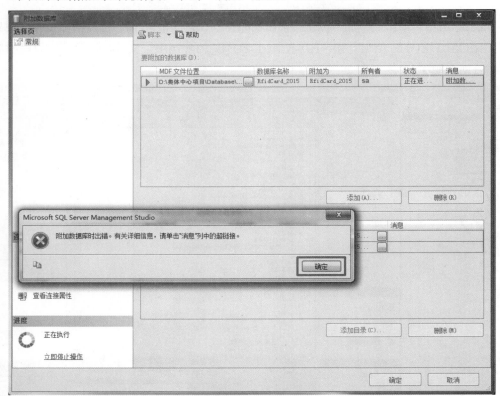

图2-57 附加数据库错误界面一

8）出现错误后单击"删除"按钮，如图2-58所示。

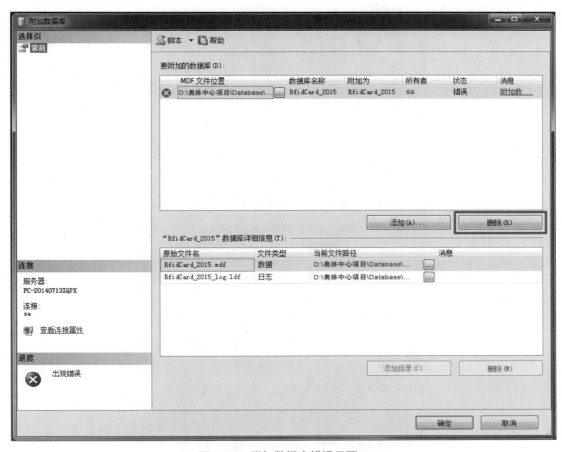

图2-58 附加数据库错误界面二

9）找到Database文件夹所在的位置，然后右击该文件夹，选择"属性"，如图2-59所示。

图2-59 Database文件夹

10）在"Database属性"对话框中切换到"安全"选项卡，如图2-60所示。

图2-60 Database属性界面

11）在"安全"选项卡下单击"编辑"按钮，如图2-61所示。

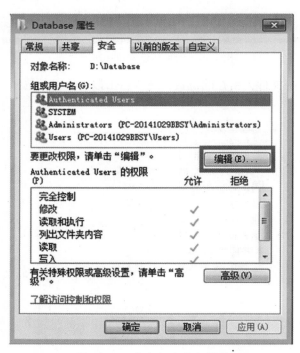

图2-61 "安全"选项卡界面

12）单击"添加"按钮，如图2-62所示。

图2-62　编辑栏界面

13）单击"高级"按钮，如图2-63所示。

图2-63　添加栏界面

14）单击"立即查找"按钮，如图2-64所示。

图2-64　高级栏界面

15）单击"立即查找"按钮后，在下面的"搜索结果"列表中找到"Everyone"，如图2-65所示。

图2-65 立即查找栏界面

16）双击"Everyone"，弹出如图2-66所示对话框。在该对话框中单击"确定"按钮。

图2-66 搜索Everyone界面

17）找到"Everyone"，然后勾选"完全控制"和"修改"，然后单击"确定"按钮，Everyone的权限添加完成，如图2-67所示。

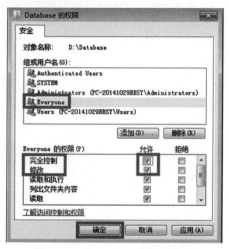

图2-67 Everyone的权限界面

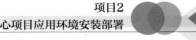

18）然后再重复上述第4步～第6步的内容，即可完成数据库的附加。

小结与测评

【小结】

本项目首先详细阐述了无线传感网中感知层设备的安装和连接过程，接着描述了无线传感网中传输层的设备配置，包括传输层主要设备协调器、继电器和传感器的配置，最后讲解了应用软件的部署与配置，主要是数据库的附加。在学习的过程中，读者可以了解传感网中感知层设备主要有哪些，具体怎么安装及连接，以及传输层的设备有哪些，具体该如何进行配置。此外，本项目还介绍了应用软件的部署与配置该如何操作。

【测评】

读者可以根据测评表（见表2-7），对学习成果进行自评或互评，以便对自己的学习情况有更清晰的认识。

表2-7　测评表

序　号	测 评 内 容	配　分	得　分	备　　注
1	感知层设备连接	7分		
（1）	工位设备安装位置正确、牢固	2分		根据任务实施中的连接图，安装设备，每1个设备未安装，扣0.5分，每1个设备位置安装错误，扣0.5分； 检查设备安装是否牢固，每1个设备安装不牢固，扣0.2分
（2）	设备安装螺母加垫片	1分		有超过5个螺母没加垫片，扣0.5分
（3）	485数据采集器的连接正确	1分		接线正确得0.5分，接入移动互联终端COM2得0.5分
（4）	数字量传感器的连接正确	2分		每错1个扣1分，扣完为止
（5）	四模拟量采集器连接设备的安装	1分		设备通道安装每错1个扣0.5分，扣完为止
2	传输层设备配置	6分		
（1）	无线路由器配置	2分		查看截屏，每错1个扣1分
（2）	局域网设备IP配置	2分		IP截屏，每错1个扣0.4分，扣完为止
（3）	串口服务器串口设置	2分		4个截屏波特率设置正确，每错1个扣0.25分；使用串口调试工具可以打开任意连接的设备，得1分
3	应用软件部署与配置	2分		
	数据库的安装与配置	2分		数据库添加成功，截图正确则得分
	合计			15分

项目③

奥体中心项目感知层开发调试

项目概述

从本项目开始，将依照项目1中项目设计的内容和项目2中项目应用环境的安装部署，详细介绍项目感知层的开发调试。

为了使学习更有针对性，本项目将主要分为3个任务。在任务1中，主要介绍如何对感知层无线局域网进行组网配置；在任务2中，主要介绍如何进行感知层传感器程序的开发；在任务3中，主要完成感知层传感器数据的传输。本项目的最后将对整个过程进行总结与测评。

学习目标

- 了解物联网工程中感知层的相关知识。
- 学会感知层无线局域网组网配置。
- 学会如何进行传感器程序的开发与调试。
- 学会无线传感网中设备的组网调试。

任务1 感知层无线局域网组网配置

任务描述

在本任务中，将依照项目1中的系统概要设计，利用项目2中所安装部署的ZigBee无线传感网部分的硬件设备及网络的部署与配置，采用相关程序及工具，完成程序的下载及配置，从而建立无线传感网。

任务分析

本项目采用物联网工程应用系统2.0实训平台进行模拟实施，因此，通过参照项目1中的物理架构图，分析该实训平台的网络及相关设备，得出本次任务针对感知层无线局域网组网的配置主要是对传感网中的协调器、继电器和传感器进行配置，且在利用"ZigBee组网参数配置工具"对上述各种设备进行相关参数的配置之前，需采用"SmartRF Flash Programmer"下载工具将本书已提供的烧写程序下载到上述各设备模块中。

知识准备

1．无线局域网简介

无线局域网（Wireless Local Area Networks，WLAN）是利用无线通信技术在一定的范围内建立的网络，是计算机网络与无线通信技术相结合的产物。它以无线多址信道作为传输媒介，提供传统有线局域网的功能，能够使用户真正实现随时、随地、随意地接入宽带网络。

WLAN采用2.4/5.8GHz ISM免费频段，传输速率可到600Mbit/s，可实现100~300m的中近距离通信，还支持动态速率调整、Mesh组网和慢速移动。

WLAN采用的标准协议主要是IEEE 802.11系列协议，除此之外，其他的无线局域网标准协议还有蓝牙、UWB（Ultra Wideband）、ZigBee、WiMax、红外数据组织（Infrared Data Association，IrDA）、HomeRF技术。

本项目所讲的无线局域网主要是指采用ZigBee技术的无线网络。

2．ZigBee技术

ZigBee是基于IEEE 802.15.4标准的低功耗局域网协议。根据国际标准规定，ZigBee

技术是一种短距离（10～75m）、低功耗的无线通信技术。它主要面向低速率无线个人区域网（Low Rate Wireless Personal Area Network，LRWPAN），典型特征是近距离、低复杂度、自组织、低功耗、低数据速率，主要适用于自动控制和远程控制领域，可以嵌入各种设备。简而言之，ZigBee就是一种便宜的、低功耗的近距离无线组网通信技术。它是一种低速短距离传输的无线网络协议。

ZigBee技术介绍

ZigBee技术采用2.4GHz、868MHz和915MHz 3种频段。2.4GHz频段是全球通用频段，868MHz和915MHz则是用于美国和欧洲的ISM频段，这两个频段的引入避免了2.4GHz附近各种无线通信设备的相互干扰。

（1）ZigBee协议体系架构 ZigBee协议从下到上分别为物理层（Physical Layer，PHY）、媒体访问控制层（Media Access Control，MAC）、网络层（Network Layer，NWK）、应用层（Application Layer APL）等，其体系架构如图3-1所示。

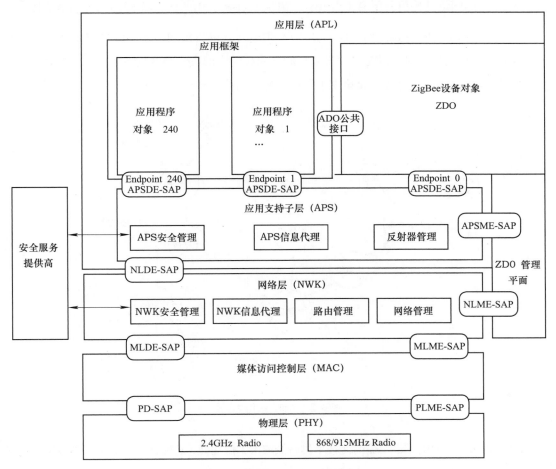

图3-1 ZigBee协议体系架构

（2）ZigBee网络结构 ZigBee网络中的节点按照不同的功能，可以分为协调器节点、路由器节点和终端节点3种。一个ZigBee网络由一个协调器节点、多个路由器节点和多个终端设备节点组成。

1）协调器节点（Coordinator）：协调器的主要角色是建立和配置网络，协调器节点选择一个信道和网络标识符（Personal Area Network ID，PAN ID），然后开始组建一个网络。协调器设备在网络中还有其他作用，如建立安全机制、完成网络中的绑定和建立等。

2）路由器节点（Router）：路由器节点可以作为普通设备使用，另外也可以作为网络中的转接节点，用于实现多跳通信、辅助其他节点完成通信。

3）终端节点（End Device）：位于ZigBee网络的最终端，完成用户功能，如信息的收集、设备的控制等。一个终端设备对于维护这个网络设备没有具体的责任，所以它可以选择睡眠或唤醒状态，以最大化节约电池能量。

ZigBee的网络结构具有星形（Star）、树状（Tree）和网状（Mesh）3种网络拓扑。

（3）ZigBee组网方式 ZigBee采用自组织的方式进行组网。所谓的自组织方式是指在不经过人为的任何操作时，设备之间只要它们彼此在网络模块的通信范围内，通过彼此自动寻找，很快就可以形成一个互联互通的ZigBee网络，如图3-2所示。

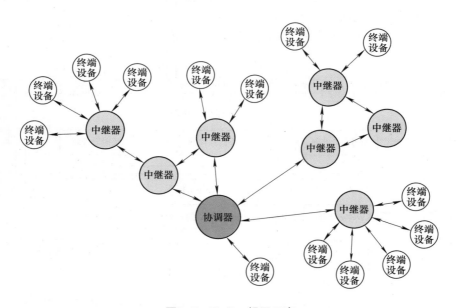

图3-2　ZigBee组网示意

（4）ZigBee应用场景 ZigBee技术具有低成本、低功耗、近距离、短时延、高容量、高安全及免执照频段等优势，广泛应用于智能家庭、工业控制、自动抄表、医疗监护、传感器网络应用和电信应用等领域。

3. 无线传感器网络组网配置要求

本项目所讲的感知层无线局域网即无线传感器网络。为保证该网络中的各设备能够进行正常的组网通信，需对其进行相应的组网参数配置。

ZigBee无线传感器网络的组网配置，主要是对网络中各设备的网络标识号（PAN ID）、信道和波特率等进行配置。要使无线传感器网络中的各设备能进行正常的组网通信，需使得各设备的PAN ID、波特率保持一致，且各设备在同一个信道中才能进行相互的数据通信。

对感知层无线局域网组网的配置主要是对传感网中的ZigBee协调器、ZigBee继电器和ZigBee传感器进行配置，具体操作步骤如下（见本书配套资源中项目3\任务1：感知层无线局域网组网配置文件夹中的"ZigBee相关程序烧写与配置"视频资料）。

1）将本书配套资源中所提供的"ZigBee烧写代码"程序（见本书配套资源中项目3\任务1文件夹中的"ZigBee烧写代码"）通过操作计算机已安装好的"SmartRF Flash Programmer"（见本书配套资源中项目3\任务1：感知层无线局域网组网配置文件夹中的"程序代码下载工具"）下载工具分别下载到ZigBee协调器（主控器）、传感器模块和3个继电器模块。

2）按表3-1中所给定的参数配置任务要求，完成对协调器（主控器）、传感器模块、继电器模块的参数配置。

配置完毕将协调器接入移动互联终端的"COM1"口。

表3-1　传感网中各设备配置要求

设　备	参　数	值
协调器（主控器）	网络号（Pan_id）	任意设定
	信道号（Channel）	13
	波特率	38400
1#继电器模块、2#继电器模块和3#继电器模块	网络号（Pan_id）	任意设定
	信道号（Channel）	13
	继电器序号	1#继电器模块为0001 2#继电器模块为0002 3#继电器模块为0003
	波特率	38400
传感器模块	网络号（Pan_id）	任意设定
	信道号（Channel）	13
	传感器类型	根据实际情况配置
	波特率	38400

（1）ZigBee协调器模块配置

1）将下载好程序的协调器设备通过串口连接到PC，打开PC上的（见本书配套资源中项目3\任务1：感知层无线局域网组网配置文件夹中的"ZigBee组网参数设置V1.2"文件夹）配置工具，出现如图3-3所示界面。

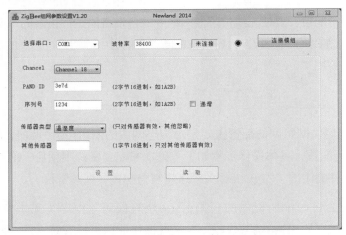

图3-3　ZigBee组网参数设置工具配置页面

2）在如图3-3所示的界面中，选择COM1口打开，单击"连接模组"按钮，连接成功后，单击"读取"按钮，查看当前连接到的ZigBee信息，在此界面中可对相应参数进行修改，根据题目要求，将协调器的"波特率"设置为"38400"，信道号设置为13，网络号可任意设定，如图3-4所示。

图3-4　协调器相关参数设置界面

修改完上述参数后，单击"设置"按钮，在弹出的对话框中，单击"确定"按钮，即可完成对协调器相应参数的修改，如图3-5所示，最后再单击"断开连接"按钮。

注意：在上述配置中，需记住协调器的PAN ID和信道，因配置ZigBee参数时必须把协调器、各类传感

图3-5　参数设置成功界面

器和继电器的PAN ID及信道设置成同样的参数，才可以组网。

3）如果配置无法使用，需要重新烧写程序后，再进行配置。

（2）ZigBee继电器模块配置

1）将下载好程序的继电器设备通过串口连接到PC，打开PC上的配置工具。

2）在打开的ZigBee组网参数设置工具配置页面中，选择COM1口，单击"连接模组"按钮，连接成功后，单击"读取"按钮，查看当前连接到的ZigBee信息，在此界面可对相应参数进行修改，根据本任务要求，将继电器的"波特率"设置为"38400"，信道号设置为13，网络号与协调器的网络号一样，在"序列号"处分别设置成"0001、0002、0003"，"传感器类型"不使用，保持默认，如图3-6所示。

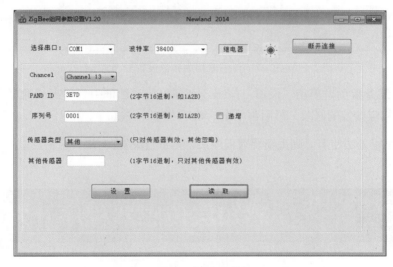

图3-6 继电器相关参数设置界面

修改完成上述参数后，单击"设置"按钮，在弹出的对话框中，单击"确定"按钮，即可完成对协调器相应参数的修改，最后再单击"断开连接"按钮。

3）如果配置无法使用，则重新烧写程序后，再进行配置。

（3）ZigBee传感器模块配置

1）将下载好程序的传感器设备通过串口连接到PC，打开PC上的配置工具。

2）在打开的ZigBee组网参数设置工具配置页面中，选择COM1口，单击"连接模组"按钮，连接成功后，单击"读取"按钮，查看当前连接到的ZigBee信息，在此界面可对相应参数进行修改，根据本任务要求，将传感器的"波特率"设置为"38400"，信道号设置为13，网络号与协调器的网络号一样，"传感器类型"必须选择"四通道电流"或相对应的传感器类型，如图3-7所示。

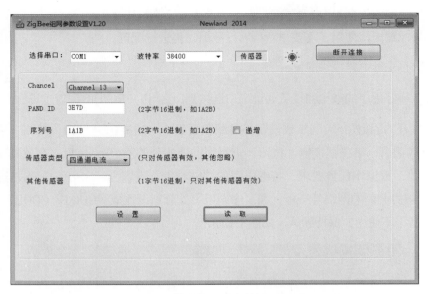

图3-7　传感器相关参数设置界面

修改完上述参数后，单击"设置"按钮，在弹出的对话框中，单击"确定"按钮，即可完成对协调器相应参数的修改，最后再单击"断开连接"按钮。

3）如果配置无法使用，则重新烧写程序后，再进行配置。

任务2　感知层传感器程序开发

任务描述

在本任务中，根据项目1中的项目概要设计，采用本书已提供的源程序及相关工具，完成项目感知层部分传感器应用程序的开发，主要是完成光照传感器、温湿度传感器、空气质量传感器应用程序的开发，并使得这几类传感器设备所发送的数据包符合下述格式：

Head		Type	Len	Data				Count		Chk
0xFF	0xFD	0x00	0x04	0xXX	0xXX	0xXX	0xXX	Count[L]	Count[H]	0xXX

该格式中的详细解释如下。

Head：2个字节，传感器端数据发送的固定头，固定为 FF FD。

Type：1个字节，传感器数据类型的标识，00为光照传感器的数据，01为温湿度传感器的数据，04为空气质量传感器的数据。

Len：1个字节，为传感数据长度（统一为04）。

Data：4个字节，针对光照传感器和空气质量传感器，前两个为电压的ASCll码值，后两个无效，如32 33 xx xx表示2.3v；针对温湿度传感器，前两个为温度的数值，后两个为湿度的数值，如17 01 40 06表示温度为23.1℃和湿度为64.6%。

Count：2个字节，传感器发送数据的次数（16位无符号数低端模式，低位在前，高位在后），初始值为0，每发送一次则次数自动加1，溢出后归零。

Chk：从Head至Count的校验值（相加取低8位）。

在完成传感器应用程序的开发后，需采用相应的软件验证传感器所发送的数据是否正确，并检验所发送的数据包是否符合上述设计要求。

任务分析

根据本书项目1的任务3中的系统概要设计，需对奥体中心室内光照度、温湿度、空气质量等进行监测，因此本节需完善光照度、温湿度及空气质量传感器程序的开发，主要是完成上述各类传感器采集相关数据并发送符合要求数据包的功能实现。本任务采用物联网工程应用系统2.0实训平台进行模拟实施，根据本书光盘资料所提供的源工程代码，在传感器的数据传输处理函数"send_sensor()"中完成数据包的装载和格式设计，并将修改完善后的程序下载到传感器设备中，通过串口将数据包传送到PC的上位机软件，以检测传感器所采集到的数据是否正确和所发送的数据包格式是否符合要求。

知识准备

1. 传感器主要硬件简介

在进行传感器程序开发之前，需先弄清楚传感器内部的硬件结构。本项目所讲的传感器主要基于CC2530，下面简要介绍CC2530这款芯片的基本情况。

（1）CC2530概述　CC2530是用于2.4GHz IEEE 802.15.4、ZigBee和RF4CE应用的一个真正的片上系统（System on Chip，SoC）解决方案。它能够以非常低的总的材料成本建立强大的网络节点。CC2530结合了领先的射频（Radio Frequency，RF）收发器的优良性能，业界标准的增强型8051 CPU，系统内可编程闪存，8KB RAM 和许多其他强大的功能。

CC2530有4种不同的闪存版本：CC2530F32/64/128/256，分别具有32/64/128/256KB闪存。

CC2530具有不同的运行模式，使得它尤其适应超低功耗要求的系统，运行模式之间的转换时间短进一步确保了低能源消耗。

（2）CC2530基本功能

1）RF布局。

①适应2.4GHz IEEE 802.15.4的RF收发器。

②极高的接收灵敏度和抗干扰性能。

③可编程的输出功率高达4.5dBm。

④只需极少的外接元件。

⑤只需一个晶振，即可满足网状网络系统需要。

⑥6mm×6mm的QFN40封装。

⑦适合系统配置符合世界范围的无线电频率法规：ETSI EN 300 328、ETSI EN 300 440（欧洲），FCC 47 CFR第15部分（美国）和ARIB STD-T66（日本）。

2）低功耗。

①主动模式RX（CPU空闲）：24mA。

②主动模式TX在1dBm时（CPU空闲）：29mA。

③供电模式1（4μs唤醒）：0.2mA。

④供电模式2（睡眠定时器运行）：1μA。

⑤供电模式3（外部中断）：0.4μA。

⑥宽电源电压范围（2～3.6V）。

3）微控制器。

①优良的性能和具有代码预取功能的低功耗8051微控制器内核。

②32KB、64KB或128KB的系统内可编程闪存。

③8KB RAM，具备在各种供电方式下的数据保持能力。

④支持硬件调试。

4）外设。

①强大的5通道DMA。

②IEEE 802.5.4 MAC 定时器，通用定时器（一个16位定时器，两个8位定时器）。

③IR（中断请求触发器）发生电路。

④具有捕获功能的32kHz睡眠定时器。

⑤硬件支持载波侦听多路访问/冲突避免（Carrier Sense Multiple Access With Collision Avoidance，CSMA/CA）。

⑥支持精确的数字化接收信号的强度指示/链路质量指标（Received Signal Strength Indication/Link Quality Indicator，RSSI/LQI）。

⑦电池监视器和温度传感器。

⑧具有8路输入和可配置分辨率的12位应用交付控制器（Application Delivery Controller，ADC）。

⑨AES（Advanced Encryption Standard）安全协处理器。

⑩两个支持多种串行通信协议的强大USART（Universal Synchronous/Asynchronous Receiver/Transmitter）。

⑪21个通用I/O 引脚（19×4mA，2×20mA）。

⑫看门狗定时器。

（3）CC2530运行条件　　CC2530在环境温度为-40～125℃、供电电压为2～3.6V的情况下运行能达到最好的效果。

（4）应用

①2.4GHz IEEE 802.15.4 系统。

②RF4CE远程控制系统（需要闪存大于64KB的芯片版本）。

③ZigBee 系统（256KB闪存版本的芯片）。

④家庭/楼宇自动化。

⑤照明系统。

⑥工业控制和监控。

⑦低功耗无线传感网络。

⑧消费型电子。

⑨医疗保健。

（5）电路描述　　图3-8所示为CC2530的方框图，大致可以分为3类模块：CPU和内存相关的模块，外设、时钟和电源管理相关的模块以及无线电相关的模块。

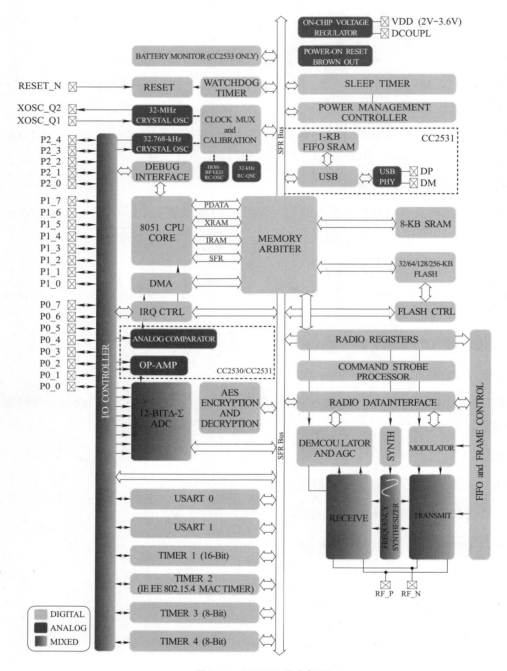

图3-8 CC2530的方框图

其中，各个部分的描述如下。

1）CPU和内存。CC253x芯片系列中使用的8051 CPU内核是一个单周期的8051兼容内核。它有3种不同的内存访问总线（SFR、DATA和CODE/XDATA），单周期访问SFR、DATA和主SRAM。它还包括一个调试接口和一个18输入扩展中断单元。

2）中断控制器。中断控制器共提供了18个中断源，分为6个中断组，每个与4个中断优先级之一相关。当设备从活动模式回到空闲模式，任一中断服务请求就被激发。一些中断还可以从睡眠模式（供电模式1～3）唤醒设备。

3）内存仲裁器。内存仲裁器位于系统中心，因为它通过SFR总线把CPU、DMA控制器、物理存储器以及所有外设连接起来。内存仲裁器有4个内存访问点，每次访问可以映射到3个物理存储器之一：一个8KB SRAM、闪存存储器和XREG/SFR寄存器。它负责执行仲裁，并确定同时访问同一个物理存储器之间的顺序。

4）8KB SRAM。8KB SRAM映射到DATA存储空间和部分XDATA存储空间。8KB SRAM是一个超低功耗的SRAM，即使数字部分掉电（供电模式2和3）也能保留其内容。这是对于低功耗应用来说很重要的一个功能。

5）32/64/128/256KB。32/64/128/256KB闪存块为设备提供了内电路可编程的非易失性程序存储器，映射到XDATA存储空间。除了保存程序代码和常量以外，非易失性存储器允许应用程序保存必须保留的数据，这样设备重启之后可以使用这些数据。使用这个功能，如可以利用已经保存的网络具体数据，就不需要经过完全启动、网络寻找和加入的过程。

6）时钟和电源管理。数字内核和外设由一个1.8V低差稳压器供电。它提供了电源管理功能，可以实现使用不同供电模式的长电池寿命的低功耗运行，有5种不同的复位源来复位设备。

7）外设。CC2530包括许多不同的外设，允许应用程序设计者开发先进的应用。

8）调试接口。调试接口执行一个专有的两线串行接口，用于内电路调试。通过这个调试接口，可以执行整个闪存存储器的擦除、控制使能哪个振荡器、停止和开始执行用户程序、执行8051内核提供的指令、设置代码断点以及内核中全部指令的单步调试。使用这些技术，开发人员可以很好地执行内电路的调试和外部闪存的编程。

设备含有闪存存储器以存储程序代码。闪存存储器可通过用户软件和调试接口编程。闪存控制器处理写入和擦除嵌入式闪存存储器。闪存控制器允许页面擦除和4字节编程。

9）I/O控制器。I/O控制器负责所有通用I/O引脚。CPU可以配置外设模块是否控制某个引脚或它们是否受软件控制，如果是，则每个引脚配置为一个输入还是输出，如果否则连接衬垫里的一个上拉或下拉电阻。CPU中断可以分别在每个引脚上使能。每个连接到I/O引脚的外设可以在两个不同的I/O引脚位置之间选择，以确保在不同应用程序中的灵活性。

系统可以使用一个多功能的五通道DMA控制器，使用XDATA存储空间访问存储器，因此能够访问所有物理存储器。每个通道（触发器、优先级、传输模式、寻址模式、源和目标指针和传输计数）用DMA描述符在存储器任何地方配置。许多硬件外设 [AES内核、闪存控制器、通用同步/异步串行接收/发送器（Universal Synchronous/Asynchronous Receiver/Transmitter，USART）、定时器、ADC接口] 通过使用DMA控制器在SFR或XREG地址和闪存/SRAM之间进行数据传输，获得高效率操作。定时器1是一个16位定时器，具有定时器/PWM功能。它有一个可编程的分频器、一个16位周期值和五个各自可编程的计数器/捕获通道，每个都有一个16位比较值。每个计数器/捕获通道可以用作一个PWM输出或捕获输入信号边沿的时序。它还可以配置在IR产生模式，计算定时器3的周期，输出是ANDed，定时器3的输出是用最小的CPU互动产生调制的消费型IR信号。

10）MAC定时器（定时器2）。MAC定时器（定时器2）是专门为支持IEEE 802.15.4 MAC或软件中其他时槽的协议设计的。该定时器有一个可配置的定时器周期和一个8位溢出计数器，可以用于保持跟踪已经经过的周期数。它包含一个16位捕获寄存器也用于记录收到/发送一个帧开始界定符的精确时间，或传输结束的精确时间，还有一个16位输出比较寄存器可以在具体时间产生不同的选通命令（开始RX或开始TX等）到无线模块。定时器3和定时器4是8位定时器，具有定时器/计数器/PWM功能。它们有一个可编程的分频器、一个8位的周期值和一个可编程的计数器通道，具有一个8位的比较值。每个计数器通道可以用作一个PWM输出。

11）睡眠定时器。睡眠定时器是一个超低功耗的定时器，计算32kHz晶振或32kHz RC振荡器的周期。睡眠定时器在除了供电模式3的所有工作模式下不断运行。这一定时器的典型应用是作为实时计数器，或作为一个唤醒定时器跳出供电模式1或2。

12）ADC。ADC支持7～12位的分辨率，其工作频率在4kHz～30kHz之间。DC和音频转换可以使用高达8个输入通道（端口0）。输入可以选择作为单端或差分。参考电压可以是内部电压、模拟电压（Voltage Drain Drain，AVDD）或是一个单端或差分外部信号。ADC还有一个温度传感输入通道。ADC可以自动执行定期抽样或转换通道序列的程序。

13）随机数发生器。随机数发生器使用一个16位线性反馈移位寄存器（Linear Feedback Shift Register，LFSR）来产生伪随机数，这可以被CPU读取或由选通命令处理器直接使用。例如，随机数可以用作产生随机密钥，用于安全。

14）AES加密/解密内核。AES加密/解密内核允许用户使用带有128位密钥的AES算法加密和解密数据。这一内核能够支持IEEE 802.15.4 MAC安全、ZigBee网络层和应用层要求的AES操作。

15）一个内置的看门狗允许CC2530在固件挂起的情况下复位自身。当看门狗定时器由软件使能时,它必须定期清除;否则,如果它超时就复位设备就会复位。或者它可以配置作为一个通用32kHz定时器。

16)USART 0和USART 1。USART 0和USART 1每个被配置为一个SPI主/从或一个UART。它们为RX和TX提供了双缓冲以及硬件流控制,因此非常适合于高吞吐量的全双工应用。每个都有自己的高精度波特率发生器,因此可以使普通定时器空闲出来用作其他用途。

17)无线设备。CC2530具有一个IEEE 802.15.4兼容无线收发器。RF内核控制模拟无线模块。另外,它提供了MCU和无线设备之间的一个接口,这使得可以发出命令、读取状态、自动操作和确定无线设备事件的顺序。无线设备还包括一个数据包过滤和地址识别模块。

2. ZigBee帧结构

在ZigBee技术中,每一个协议层都增加了各自的帧头和帧尾,在PAN网络结构中定义了以下4种帧结构。

信标帧——主协调器用来发送信标的帧。

数据帧——用于所有数据传输的帧。

确认帧/应答帧——用于确认成功接收的帧。

MAC命令帧——用于处理所有MAC层对等实体间的控制传输。

(1)信标帧 信标帧由主协调器的MAC层生成,并向网络中的所有从设备发送,以保证各从设备与主协调器同步,使网络运行的成本最低,即采用信标网络通信,可减少从设备的功耗,保证正常的通信。帧结构如图3-9所示。

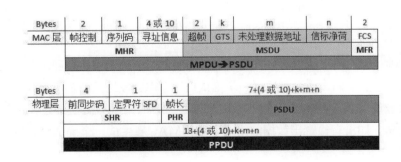

图3-9 信标帧结构示意

MHR是MAC层帧头;MSDU是MAC层服务数据单元,表示MAC层载荷;MFR是MAC层帧尾。其中,MSDU包括超帧格式、未处理事务地址格式、地址列表能及信标载荷;MHR包括MAC帧的控制字段、信标序列码(BSN)以及寻址信息;MFR中包含

16位帧校验序列（FCS）。MHR、MSDU和MFR三部分共同构成了MAC层协议数据单元（MPDU）。

MAC层协议数据单元（MPDU）被发送到物理层（PHY）时，它便成了物理层服务数据单元（PSDU）。如果在PSDU前面加上物理层帧头（PHR）和同步帧头（SHR）便可构成物理层协议数据单元（PPDU）。其中，SHR包括前同步帧序列和帧起始定界符（SFD）；PHR包含PSDU长度的信息。使用前同步码序列的目的是使从设备与主协调器达到符号同步。SHR、PHR和PSDU共同构成了物理层的信标包（PPDU）。

通过上述过程，最终在PHY层形成了网络信标帧。

（2）数据帧　数据帧由应用层发起，在ZigBee设备之间进行数据传输时，传输的数据由应用层生成，经过逐层数据处理后发送给MAC层，形成MAC层服务数据单元（MSDU），然后通过添加MAC层帧头MHR和帧尾MFR，形成了完整的MAC数据帧MPDU。

MAC的数据帧作为物理层载荷（PSDU）发送到物理层。在PSDU前面，加上同步帧头（SHR）和物理层帧头（PHR）。同信标帧一样，前同步码序列和数据SFD能够使接收设备与发送设备达到符号同步。SHR、PHR和PSDU共同构成了物理层的数据包（PPDU）。

帧结构如图3-10所示。

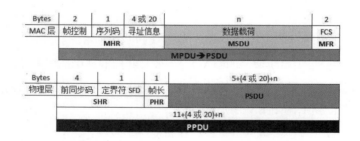

图3-10　数据帧结构示意

（3）确认帧/应答帧　在通信接收设备中，为保证通信的可靠性，通常要求接收设备在接收到正确的帧信息后，向发送设备返回一个确认信息，以向发送设备表示已经正确地接收到相应的信息。接收设备将接收到的信息经PHY和MAC层后，在MAC层经过纠错解码，然后恢复发送端的数据，如没有检查出数据的错误，则由MAC层生成一个确认帧，发送回发送端。帧结构如图3-11所示。

MAC层的确认帧由一个MHR和一个MFR构成，MHR和MFR共同构成了MAC层的确认帧（MPDU）。MPDU作为物理层确认帧载荷（PSDU）发送到物理层，在PSDU前面加上SHR和PHR。SHR、PHR和PSDU共同构成了物理层的确认包（PPDU）。

（4）MAC命令帧　MAC命令帧由MAC子层发起。在ZigBee网络中，为了对设备的工作状态进行控制，同网络中的其他设备进行通信，控制命令由应用层产生，在MAC层根据命令的类型，生成的MAC层命令帧。帧结构如图3-12所示。

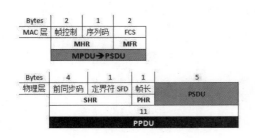

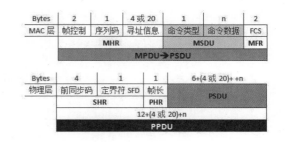

图3-11　确认帧结构示意　　　　　　图3-12　MAC命令帧结构示意

包含命令类型字段和命令数据的MSDU叫命令载荷。同其他帧一样，在MSDU前面，加上帧头MHR，在其结尾后面，加上帧尾MFR。MHR、MSDU和MFR共同构成了MAC层命令帧（MPDU）。

MPDU作为物理层载荷发送到物理层，在PSDU前加上SHR和PHR。SHR、PHR和PSDU共同构成了物理层命令包（PPDU）。

3. 传感器程序开发流程

在进行传感器应用程序的开发时，一般遵循以下流程。

第一步：首先需熟悉传感器的工作原理，了解传感器硬件部分由哪些模块或芯片组成，以及硬件各部分的功能及接口情况。

第二步：将进行传感器应用程序开发的基础源代码用IAR或其他程序编辑及编译软件打开，根据传感器的类型及功能需求进行相应程序代码的编写与调试，一般传感器的应用程序流程图如图3-13所示。

第三步：将按功能需求开发完成的传感器应用程序编译通过后，采用程序烧写软件将编译生成的可执行文件下载到传感器硬件设备中。

第四步：给传感器设备上电，利用显示终端显示传感器所采到的数据。

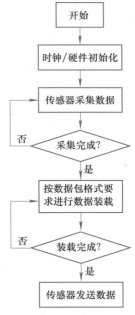

图3-13　传感器应用程序
流程图

1. 光照传感器程序的开发

针对本次任务中光照传感器程序的开发，以本书配套资源中所提供的光照传感器源工程代码为基础（见本书配套资源中项目3\任务2：感知层传感器程序开发文件夹中的"光照传感器程序开发—— 开始代码"），根据

光照传感器
ZigBee采集开发

本次任务要求，完善光照传感器应用程序的开发，其具体操作步骤如下。

1）首先需在所操作的计算机上安装IAR程序编辑调试软件，安装好之后，打开本书配套资源中所提供的光照传感器源工程文件，直接双击其中的eww文件，出现如图3-14所示界面。

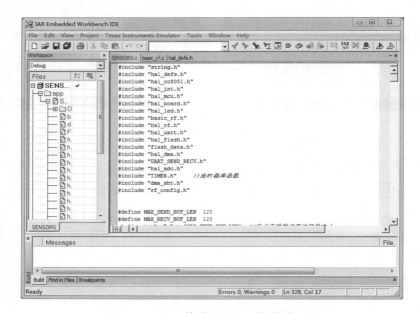

图3-14　光照传感器程序开发调试界面

2）根据本任务的要求，需要完成光照传感器采集数据和发送符合格式要求的数据包，设计源代码如下。

```
void    send_sensor()
{
    float    ADC_VALUE;
    //采集传感器数据
    ADC_VALUE = ADC_GetValue()*3.3/16384/2;
    //传感器数据送发送数据包
    pTxData[4] = (uint8)ADC_VALUE%10 + 48;
    pTxData[5] = (uint8)(ADC_VALUE*10)%10 + 48;
    pTxData[6] = 0x00;
    pTxData[7] = 0x00;
    pTxData[0] = 0xFF;
    pTxData[1] = 0xFD;
    pTxData[2] = 0x00;
    pTxData[3] = 0x04;
    pTxCount++;                                //每发送一次，次数加1
    pTxData[8] = LO_UINT16(pTxCount);       //取发送次数的低8位
    pTxData[9] = HI_UINT16(pTxCount);       //取发送次数的高8位
```

```
        pTxData[10]  =  CheckSum(pTxData,10);
        halUartWrite(pTxData,11);                    //数据直接打印到串口上
    }
```

3）将开发好的光照传感器程序编译生成HEX文件后烧写下载至光照传感器模块。

4）将带有串口的光照传感器模块通过串口线连接至计算机，打开串口调试助手，检测光照传感器是否能正确地采集到光照度值和所发送的数据包格式是否符合本任务要求，如图3-15所示。

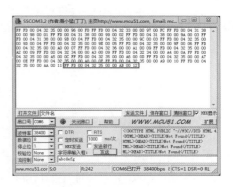

如图3-15所示，光照传感器所发送的数据包为FF FD 00 04 32 35 00 00 AB 00 12，分析可知光照传感器所采集到的光照度值为2.5V，其数据包格式亦符合任务所需的格式要求。

图3-15　串口调试助手显示光照
传感器所采集并发送的数据

2．温湿度传感器程序开发

针对温湿度传感器程序的开发，以本书配套资源中所提供的温湿度传感器源工程代码为基础（见本书配套资源中项目3\任务2：感知层传感器程序开发文件夹中的"温湿度传感器程序开发—— 开始代码"），根据本次任务要求，完善温湿度传感器应用程序的开发，其具体操作步骤如下。

温湿度传感器
ZigBee采集开发

1）通过IAR软件打开本书光盘资料中所提供的温湿度传感器源工程代码，切换到SENSORS.c文件，如图3-16所示。

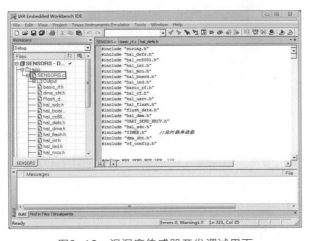

图3-16　温湿度传感器开发调试界面

2）根据本任务要求，需要完成温湿度传感器采集数据和发送符合格式要求的数据包，设计源代码如下。

```
        void    send_sensor()
        {
```

```
//传感器数据送发送数据包
call_sht11();
pTxData[4]  =  S.DateString1[0];
pTxData[5]  =  S.DateString1[1];
pTxData[6]  =  S.DateString1[2];
pTxData[7]  =  S.DateString1[3];
pTxData[0]  =  0xFF;
pTxData[1]  =  0xFD;
pTxData[2]  =  0x01;
pTxData[3]  =  0x04;
pTxCount++;                                    //每发送一次，次数加1
pTxData[8]  =  LO_UINT16(pTxCount);     //取发送次数的低8位
pTxData[9]  =  HI_UINT16(pTxCount);     //取发送次数的高8位
pTxData[10] = pTxData[10] = CheckSum(pTxData,10);
halUartWrite(pTxData,11);                       //数据直接打印到串口上
}
```

3）将开发好的温湿度传感器程序编译生成HEX文件后烧写下载至温湿度传感器模块。

4）将带有串口的温湿度传感器模块通过串口线连接至计算机，打开串口调试助手，检测温湿度传感器是否能正确地采集到温湿度值和所发送的数据包格式是否符合本任务要求，如图3-17所示。

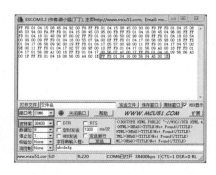

图3-17 串口调试助手显示温湿度传感器所采集并发送的数据

如图3-17所示，温湿度传感器所发送的数据包为FF FD 01 04 16 08 56 04 A5 00 1E，分析可知温湿度传感器所采集到的温度值为22.8℃，湿度值为86.4%，其数据包格式亦符合任务所需的格式要求。

3．空气质量传感器程序开发

针对本次任务中空气质量传感器程序的开发，以本书配套资源中所提供的空气质量传感器源工程代码为基础（见本书配套资源中项目3\任务2：感知层传感器程序开发文件夹中的"空气质量传感器程序开发——开始代码"），根据本次任务要求，完善空气质量传感器应用程序的开发，其具体操作步骤如下。

1）在已安装好IAR软件的计算机上，打开本书配套资源中所提供的空气质量传感器源工程文件，直接双击其中的eww文件打开源程序。

2）根据本任务的要求，需要完成空气质量传感器采集数据和发送符合格式要求的数据包，设计源代码如下。

```
void    send_sensor()
{
    float    ADC_VALUE;
    //采集传感器数据
    ADC_VALUE  =  ADC_GetValue()*3.3/16384/2;
    //传感器数据送发送数据包
    pTxData[4]  =  (uint8)ADC_VALUE%10  +  48;
    pTxData[5]  =  (uint8)(ADC_VALUE*10)%10  +  48;
    pTxData[6]  =  0x00;
    pTxData[7]  =  0x00;
    pTxData[0]  =  0xFF;
    pTxData[1]  =  0xFD;
    pTxData[2]  =  0x04;
    pTxData[3]  =  0x04;
    pTxCount++;                                      //每发送一次，次数加1
    pTxData[8]  =  LO_UINT16(pTxCount);      //取发送次数的低8位
    pTxData[9]  =  HI_UINT16(pTxCount);      //取发送次数的高8位
    pTxData[10]  =  CheckSum(pTxData,10);
    halUartWrite(pTxData,11);                     //数据直接打印到串口上
}
```

3）将开发好的空气质量传感器程序编译生成HEX文件后烧写下载至空气质量传感器模块。

4）将带有串口的空气质量传感器模块通过串口线连接至计算机，打开串口调试助手，检测空气质量传感器是否能正确地采集到数据和所发送的数据包格式是否符合本任务要求，如图3-18所示。

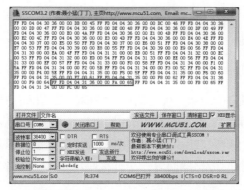

图3-18　串口调试助手显示空气质量传感器所采集并发送的数据

如图3-18所示，空气质量传感器所发送的数据包为FF FD 04 04 31 36 00 00 FA 00 65，分析可知空气质量传感器所采集到的数据值为1.6V，其数据包格式亦符合任务所需的格式要求。

任务3　感知层传感器数据的传输

任务描述

在本任务中，根据项目1的项目概要设计，完成感知层相应传感器数据的正确传输，主要是完成传感器与协调器的组网并实现两者之间的数据通信，并能正确使用"无线传感网演示"软件演示两者之间的通信状况。

任务分析

根据本书项目1的任务3中的系统概要设计，对奥体中心室内光照度、温湿度和空气质量等进行监测，除需完成传感器采集相应数值的功能外，还需实现传感器与协调器的组网通信，以将数据传送到后端，最终实现用"奥体中心客户端"软件显示奥体中心当前的光照、温湿度和空气质量等数据值。

通过分析，本项目可采用物联网工程应用系统2.0实训平台进行模拟实施，根据本书配套资源中所提供的传感器及协调器的源工程代码，实现传感器与协调器的组网通信功能，将所编写并编译好的程序分别下载到传感器和协调器设备中，通过"无线传感网演示"软件演示传感器和协调器的组网通信，利用"串口调试助手"查看传感器和协调器所发送的数据包格式是否正确。

知识准备

1．传感器的入网过程

传感器的入网过程分为4个步骤：传感器向协调器发送信标请求（Beacon Req）；当协调器收到传感器发送的信标请求之后，将给传感器发送一个信标响应（Beacon Res）；当传感器收到协调器回复的信标响应之后，向协调器发送一个连接请求（A Req）；当协调器收到此连接请求之后，紧接着向传感器回复一个连接响应（A Res），并给入网传感器分配地址，入网过程结束。

传感器入网过程如图3-19所示。

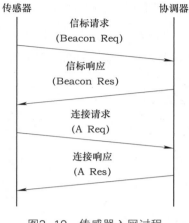

图3-19　传感器入网过程

2．无线传感器网络中的数据传输

无线传感器网络中主要有三种数据传输模式：传感器向协调器发送数据、协调器向传感器发送数据、传感器与传感器之间传送数据。在星形拓扑中，因为传感器之间不能传输数据，所以只有两种传输方式，而在对等拓扑结构中则可能包含三种。

（1）传感器向协调器发送数据　在信标网络中，传感器首先监听网络的信标。当监听到信标后，在适当的时候，传感器将使用有时隙的CSMA/CA向协调器发送数据帧，当协调器接收到数据后，返回一个表明已成功接收的确认帧，如图3-20所示。

在非信标网络中，传感器使用非时隙的CSMA/CA向协调器发送数据帧，协调器接收到信标后也同样返回一个确认帧，如图3-21所示。

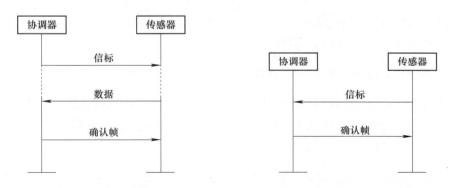

图3-20　信标网络数据传输到主协调器　　　图3-21　非信标网络数据传输到主协调器

（2）协调器向传感器发送数据　在信标网络中，当协调器需要发送数据给传感器时，它会在网络信标中表明存在有要传输的数据信息，此时，传感器处于周期性监听网络信标的状态，当发现协调器有数据要传送给它时，它将采用有时隙的CSMA/CA机制，先通过MAC层发送一个数据请求指令。当协调器接收到后，采用有时隙的CAMA/CA发送数据信息帧给传感器，传感器接收完毕后，返回一个确认帧给协调器，如图3-22所示。

在非信标网络中，协调器存储要传输的数据，将通过与传感器建立数据连接，由传感器先发送请求数据传输命令后，再进行数据传输，如图3-23所示。

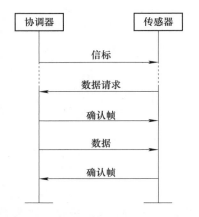

图3-22　信标网络主协调器传输数据　　　　图3-23　非信标网络主协调器传输数据

（3）传感器与传感器之间传送数据　这种传输方式出现在对等网络中。因为在对等网络中，设备与设备之间的通信随时都可能发生，所以通信设备之间必须处于随时可通信的状态，如设备始终处于接收状态或设备间保持相互同步。前者设备要采用非时隙的CSMA/CA机制来传输数据，后者需采取一些其他措施以确保通信设备之间相互同步。

任务实施

在本项目中，协调器通过广播发送数据到传感器中。传感器通过指定发送数据的目的地址为协调器，与协调器进行组网通信。在实现感知层传感器数据传输功能的过程中，与所有传感器通信的协调器，均可采用同一套协调器代码程序。

针对协调器代码程序的设计实现，具体操作步骤如下。

1）在已安装好IAR软件的计算机上，打开本书配套资源中所提供的协调器源工程文件（见本书配套资源中项目3\任务3：感知层传感器数据的传输文件夹中的"协调器源工程代码"），直接双击打开其中的eww文件。

2）根据本任务的要求，要实现协调器与传感器的组网通信，需将协调器发送数据的目的地址改为传感器的地址，保障协调器与传感器的PAN ID相同，且在同一个信道上，具体源代码设计如下。

```
/* 定义传感器与协调器的组网通信地址 */
```

```
#define  MY_ADDR          COORD_ADDR
#define  S_ADDR           SENSOR_ADDR
/*  定义协调器和传感器的PAN ID和信道号等  */
#define  NV_STORE_PANID          80
#define  NV_STORE_CHANNEL        81
#define  NV_STORE_S_ADDRESS      83
#define  NV_STORE_M_ADDRESS      82
#define  NV_CONFIG_FLAG          84
```

3）将编写好并编译通过的协调器程序下载到协调器模块中，并将协调器通过串口线连接到计算机的COM口上。

在完成了协调器程序的设计后，接着是对各个传感器的程序进行设计。

1. 光照传感器数据的传输

本任务主要完成光照传感器与协调器进行组网并进行数据通信的功能。根据本书配套资源中所提供的光照传感器数据传输的源工程代码（见本书配套资源中项目3\任务3：感知层传感器数据的传输文件夹中的"光照传感器（数据传输）—— 开始代码"），在其上进行完善，以实现光照传感器与协调器的组网通信，具体操作步骤如下。

1）在已安装好IAR软件的计算机上，打开本书配套资源中所提供的光照传感器源工程文件，直接双击打开其中的eww文件。

2）根据本任务的要求，要实现光照传感器与协调器的组网通信，需将光照传感器发送数据的目的地址设为协调器的地址，保障光照传感器和协调器的PAN ID与信道相同，并将光照传感器所采集到的数据装载后发送到协调器上，具体源代码设计如下。

```
/*  定义传感器与协调器的组网通信地址  */
#define  MY_ADDR          SENSOR_ADDR
#define  S_ADDR           COORD_ADDR
/*  定义协调器和传感器的PAN ID与信道号等  */
#define  NV_STORE_PANID          80
#define  NV_STORE_CHANNEL        81
#define  NV_STORE_S_ADDRESS      82
#define  NV_STORE_M_ADDRESS      83
#define  NV_CONFIG_FLAG          84
/*  光照传感器采集并发送数据  */
void   send_sensor()
{
    float    ADC_VALUE;
    //采集传感器数据
    ADC_VALUE = ADC_GetValue()*3.3/16384/2;
    //传感器数据送发送数据包
```

```
pTxData[4]  =  (uint8)ADC_VALUE%10  +  48;
pTxData[5]  =  (uint8)(ADC_VALUE*10)%10  +  48;
pTxData[6]  =  0x00;
pTxData[7]  =  0x00;
pTxData[0]  =  0xFF;
pTxData[1]  =  0xFD;
pTxData[2]  =  0x00;
pTxData[3]  =  0x04;
pTxCount++;                              //每发送一次，次数加1
pTxData[8]  =  LO_UINT16(pTxCount);      //取发送次数的低8位
pTxData[9]  =  HI_UINT16(pTxCount);      //取发送次数的高8位
pTxData[10]  =  CheckSum(pTxData,10);
basicRfSendPacket(S_ADDR,  pTxData,11);  //发送此函数发送数据到协调器
}
```

3）将编写好并编译通过的光照传感器程序下载到光照传感器程序中，接好电源。

4）之前已经将协调器通过串口线连接至计算机，此处直接打开计算机上的"无线传感网演示"软件，以显示光照传感器所采集到的数值和与协调器的组网状况，如图3-24所示。

接着打开计算机上的串口调试助手，以显示光照传感器与协调器各自所发送的数据包是否正确，如图3-25所示。

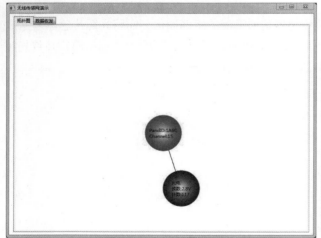

图3-24 光照传感器与协调器的组网

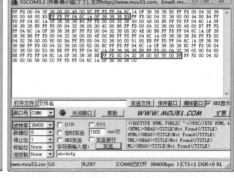

图3-25 光照传感器与协调器所发送的数据包

如图3-24和图3-25所示，光照传感器能正确发送所采集到的数据，并能与协调器进行正常组网。

2．温湿度传感器数据的传输

本任务主要完成温湿度传感器与协调器进行组网并进行数据通信的功能。根据本书配套资源中所提供的温湿度传感器数据传输的源工程代码（见本书配套资源中项目3\任务3：感

知层传感器数据的传输文件夹中的"温湿度传感器（数据传输）—— 开始代码"），进行完善，以实现温湿度传感器与协调器的组网通信，具体操作步骤如下。

1）在已安装好IAR软件的计算机上，打开本书配套资源中所提供的温湿度传感器源工程文件，直接双击打开其中的eww文件。

2）根据本任务的要求，要实现温湿度传感器与协调器的组网通信，需将温湿度传感器发送数据的目的地址设为协调器的地址，保障温湿度传感器和协调器的PAN ID与信道相同，并将温湿度传感器所采集到的数据装载后发送到协调器上，具体源代码设计如下。

```
/* 定义传感器与协调器的组网通信地址 */
#define MY_ADDR         SENSOR_ADDR
#define S_ADDR          COORD_ADDR
/* 定义协调器和传感器的PAN ID与信道号等 */
#define NV_STORE_PANID          80
#define NV_STORE_CHANNEL        81
#define NV_STORE_S_ADDRESS      82
#define NV_STORE_M_ADDRESS      83
#define NV_CONFIG_FLAG          84
/* 温湿度传感器采集并发送数据 */
void    send_sensor()
{
    //传感器数据送发送数据包
    call_sht11();
    pTxData[4] = S.DateString1[0];
    pTxData[5] = S.DateString1[1];
    pTxData[6] = S.DateString1[2];
    pTxData[7] = S.DateString1[3];
    pTxData[0] = 0xFF;
    pTxData[1] = 0xFD;
    pTxData[2] = 0x01;
    pTxData[3] = 0x04;
    pTxCount++;                                  //每发送一次，次数加1
    pTxData[8] = LO_UINT16(pTxCount);       //取发送次数的低8位
    pTxData[9] = HI_UINT16(pTxCount);       //取发送次数的高8位
    pTxData[10] = CheckSum(pTxData,10);
    basicRfSendPacket(S_ADDR, pTxData,11);   //发送数据到协调器
}
```

3）将编写好并编译通过的温湿度传感器程序下载到温湿度传感器程序中，接好电源。

4）之前已经将协调器通过串口线连接至计算机上了，此处直接打开计算机上的"无线传感网演示"软件，以显示温湿度传感器所采集到的数值和与协调器的组网状况，如图3-26所示。

接着打开计算机上的串口调试助手，以显示温湿度传感器与协调器各自所发送的数据包是否正确，如图3-27所示。

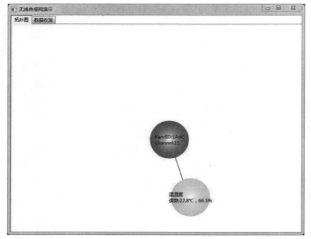

图3-26 温湿度传感器与协调器的组网　　　图3-27 温湿度传感器与协调器所发送的数据包

如图3-26和图3-27所示，温湿度传感器能正确发送所采集到的数据，并能与协调器进行正常组网。

3．空气质量传感器数据的传输

本节主要完成空气质量传感器与协调器进行组网并进行数据通信的功能。根据本书配套资源中所提供的空气质量传感器数据传输的源工程代码（见本书配套资源中项目3\任务3：感知层传感器数据的传输文件夹中的"空气质量传感器（数据传输）——开始代码"），进行完善，以实现空气质量传感器与协调器的组网通信，具体操作步骤如下。

1）在已安装好IAR软件的计算机上，打开本书配套资源中所提供的空气质量传感器源工程文件，直接双击打开其中的eww文件。

2）根据本节的要求，要实现空气质量传感器与协调器的组网通信，需将空气质量传感器发送数据的目的地址设为协调器的地址，保障空气质量传感器和协调器的PAN ID与信道相同，并将空气质量传感器所采集到的数据装载后发送到协调器上，具体源代码设计如下。

```
/* 定义传感器与协调器的组网通信地址 */
#define  MY_ADDR        SENSOR_ADDR
#define  S_ADDR         COORD_ADDR
/* 定义协调器和传感器的PAN ID和信道号等 */
#define  NV_STORE_PANID        80
#define  NV_STORE_CHANNEL      81
#define  NV_STORE_S_ADDRESS    82
#define  NV_STORE_M_ADDRESS    83
#define  NV_CONFIG_FLAG        84
```

```
/* 空气质量传感器采集并发送数据 */
void    send_sensor()
{
        float    ADC_VALUE;
        //采集传感器数据
        ADC_VALUE = ADC_GetValue()*3.3/16384/2;
        //传感器数据送发送数据包
        pTxData[4] = (uint8)ADC_VALUE%10 + 48;
        pTxData[5] = (uint8)(ADC_VALUE*10)%10 + 48;
        pTxData[6] = 0x00;
        pTxData[7] = 0x00;
        pTxData[0] = 0xFF;
        pTxData[1] = 0xFD;
        pTxData[2] = 0x04;
        pTxData[3] = 0x04;
        pTxCount++;                                    //每发送一次，次数加1
        pTxData[8] = LO_UINT16(pTxCount);        //取发送次数的低8位
        pTxData[9] = HI_UINT16(pTxCount);        //取发送次数的高8位
        pTxData[10] = CheckSum(pTxData,10);
        basicRfSendPacket(S_ADDR, pTxData,11);    //发送数据到协调器
}
```

3）将编写好并编译通过的空气质量传感器程序下载到空气质量传感器程序中，接好电源。

4）之前已经将协调器通过串口线连接至计算机，此处直接打开计算机上的"无线传感网演示"软件，以显示空气质量传感器所采集的数值和与协调器的组网状况，如图3-28所示。

接着打开计算机上的串口调试助手，以显示光照传感器与协调器各自所发送的数据包是否正确，如图3-29所示。

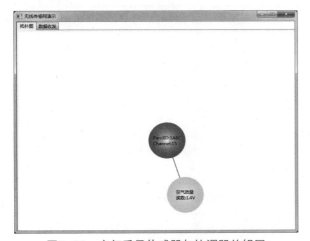

图3-28　空气质量传感器与协调器的组网

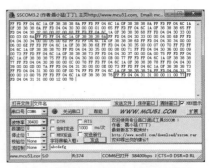

图3-29　空气质量传感器与协调器
所发送的数据包

如图3-28和图3-29所示，空气质量传感器能正确发送所采集到的数据，并能与协调器进行正常组网。

小结与测评

【小结】

本项目首先介绍了如何对感知层无线局域网即无线传感器网络进行配置，接着详细阐述了感知层传感器程序的开发过程，最后讲解了感知层的传感器数据是如何进行传输的。在本项目的整个学习过程中，读者可以了解ZigBee无线传感器网络中各设备的配置，了解如何进行传感器程序的开发以及传感网络中的传感器与协调器是如何进行数据通信的。

【测评】

读者可以根据下面的测评表（见表3-2），对学习成果进行自评或互评，以便对自己的学习情况有更清晰的认识。

表3-2 测评表

序 号	测评内容	配 分	得 分	备 注
1	感知层无线局域网组网配置	5分		配置完毕将协调器接入移动互联终端的"COM1"口，否则本题将不得分； 通过移动互联终端上智能模块，观看是否安装正确，每错一个扣1分； 通过ZigBee配置程序观看是否配置正确，每错一个扣1分； 以上包括协调器模块、传感器模块和继电器模块
2	感知层传感器程序开发	10分		串口调试助手截图中，光照传感器所采集和发送的数据正确，得2.5分； 温湿度传感器所采集和发送的数据正确，得2.5分； 空气质量传感器所采集和发送的数据正确，得2.5分； 各传感器所发送的数据包格式符合所需要求，得2.5分
3	感知层传感器数据的传输	10分		将两块ZigBee板放在桌面上的开发机前面，否则本题将扣1分； 从截图上能看到协调器节点得2分； 无线传感网演示软件截图中，有光照传感器数据，得2分； 有温湿度传感器数据，得2分； 有空气质量传感器数据，得2分； 串口调试助手能看到协调器广播的数据，得1分
	合计			25分

项目 ④

奥体中心项目计算机端应用开发

项目概述

在完成了应用环境搭建、感知层开发调试后，将开始进行项目的应用层开发。本项目应用层开发主要涉及计算机端和移动端，本章开始对项目的计算机端应用开发进行讲解，由于本项目采用的是.NET平台，所以本章介绍的应用开发都是基于.NET的Windows应用开发。

本项目的计算机端应用涵盖3个部分，分别涉及体育馆门禁管理端发卡、门禁刷卡验证和体育馆安防管理3个功能模块。为此，本项目将计算机端应用开发分为3个任务。在任务1中，学习如何对体育馆门禁管理端发卡程序进行开发；在任务2中，学习如何对体育馆门禁刷卡验证程序进行开发；在任务3中，学习如何对体育馆安防管理子系统程序开发。本项目最后将对计算机端应用开发阶段进行总结与测评。

学习目标

- 了解高频卡读写器的相关知识。
- 了解.NET开发三层架构（UI+BLL+DAL）及Model实体模式。
- 了解网络摄像头的相关知识。
- 了解Socket通信的相关知识。
- 学会高频卡读写程序的开发。
- 学会调用摄像头拍照并保存到数据库的程序开发。
- 学会获取传感器数据及控制报警灯的程序开发。
- 学会计算机端到Android端的Socket通信程序开发。

任务1　体育馆门禁管理端发卡程序开发

任务描述

在本任务中，利用提供的相关资源，开发.NET平台下的Windows项目，实现体育馆管理端发卡程序的开发。

任务分析

该任务模拟体育馆管理端发卡程序，要求通过桌面高频读写器完成发卡操作，并将发卡数据保存到数据库，利用提供的引用库与说明文档、图片素材、数据库等资源，完成体育馆管理端发卡程序的开发，运动员可用此卡进入体育馆中心，卡片中设定了次数、有效时间区间，次数用完或者不在有效时间区间都不能刷卡通过。

任务需要完成两个主要功能，一个是寻卡，另一个是发卡，总体来说涉及的是高频卡的读写以及数据库的读写。效果如图4-1所示。

图4-1　发卡程序界面

知识准备

1. 高频读写器

本项目采用高频卡及高频读写器来完成门禁功能。高频读写器是工作于高频HF频段的读写器，一般工作于13.56MHz频段，系统通过天线线圈电感耦合来传输能量。通过电感耦合的方式，磁场能量下降较快。磁场信号具有明显的读取区域边界。它主要应用于1m以内的人员或物品的识别。主要遵循两种协议：ISO/IEC14443（A、B）协议，ISO/IEC15693协议

高频读写器实现基本原理是利用电感或电磁耦合传输特性，实现对被识别物体的自动识别。

高频读写器基本的功能是提供与标签进行数据传输的途径以及用于向标签提供能量。另外，读写器还提供复杂的信号处理与控制、通信等功能。

读写器由模拟部分和数字部分电路组成。模拟部分即射频发射模块和射频接收模块，数字部分可分为主控模块、电源管理模块和接口模块。

高频读写器的特性如下。

1）工作频率为13.56MHz，该频率的波长大概为22m。

2）除了金属材料外，该频率的波长可以穿过大多数材料，但是往往会降低读取距离。感应器需要离开金属一段距离。

3）该频段在全球都得到认可，没有特殊的限制。

4）感应器一般是电子标签的形式。

5）虽然该频率的磁场区域下降很快，但是能够产生相对均匀的读写区域。

6）该系统具有防冲撞特性，可以同时读取多个电子标签。

7）可以把某些数据信息写入标签中。

8）数据传输速率比低频要快，价格不是很贵。

高频读写器主要应用于以下几个方面。

1）一卡通的应用。

2）移动支付的应用。

3）二代身份证的应用。

4）图书管理系统。

5）家校通的应用。

6）酒店门锁的管理和应用。

7）医药管理系统。

8）智能书架的管理。

9）产品防伪系统。

2．.NET开发三层架构（UI+BLL+DAL）及Model实体模式

本项目中部分任务涉及数据库的读写，整体采用了.NET三层架构的模式进行开发。下面

对这种模式进行简单介绍。

（1）用户接口层（User Interface，UI）

1）界面设计部分。使用母页或者IFrame、服务器控件、用户控件、Web页及css样式表等来控制及实现。

2）功能部分。服务器控件用于实现模板的公共功能。用户控件用于实现一些通用的构件（如选择框）。

（2）业务逻辑层（Business Logic Layer，BLL） 该层主要负责对数据层的操作，对数据业务逻辑进行处理。如果数据访问层是积木，那业务逻辑层就是负责对这些积木进行搭建，进而解决某个特定问题。

（3）数据库访问层（Data Access Layer，DAL） 该层主要提供数据存储及查询功能，并需承担部分数据验证的功能。一般对数据库操作的代码都写在这里，如执行SQL语句、执行存储过程的代码（DBHelper）等都写在这里面。

（4） Model业务实体(Entity)

1）实体类作为数据容器在层间传递，实体是用来存放信息的。

2）实体可以分为持久化对象（与数据库的表字段对应）和业务对象（包含业务信息对象）。

层次结构模型参考图4-2。

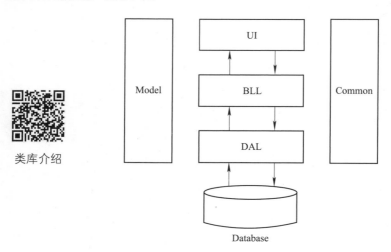

类库介绍

图4-2　.NET开发三层架构（UI+BLL+DAL）及Model实体模式

（5）对模型的解释

1）Model：放置相应的属性，如get、set。

2）Common：放置整个工程所用到的公共属性和相应的公共方法。

3）DataBase：项目所用到的数据库。

4）DAL：执行相应的数据库语句。

5）BLL：构造相应的业务逻辑方法。

6）UI：直接与BLL打交道，进行事件驱动。

1．程序WPF界面制作

根据本书配套资源（项目4\代码\任务1：体育馆门禁管理端发卡程序开发\一、发卡程序WPF界面制作\提供的基础代码\图片素材）提供的资源，完成如图4-3所示的界面。

图4-3　程序WPF界面制作

1）新建WPF项目，.NET Framework选择4.5或以上版本，将图片素材导入项目中。

2）设置窗体标题，并使用相应组件和图片资源进行布局，注意对齐方式和间距设置。

布局完成后的完整代码，请参看配套资源中的"项目4\代码\任务1：体育馆门禁管理端发卡程序开发\一、发卡程序WPF界面制作\步骤结束完整代码"。

2．寻卡：读取卡号功能的实现

上一步已经完成了发卡程序的界面制作，接下来进行寻卡功能的实现，计算机连接读卡器后，单击"寻卡"按钮，要求完成读取高频卡卡号，并将卡号显示在界面上，如图4-4所示。

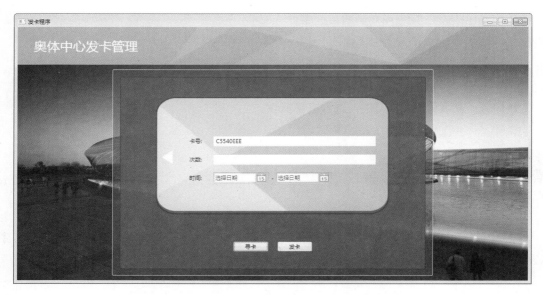

图4-4　程序寻卡功能

下面进一步叠加寻卡功能。

1）检查设备连接。确认读卡器与计算机之间安装配置正确。

2）引用读写卡的动态链接库。由于本项目使用的是接触式IC卡，所以需要引用一个外部的动态链接库"MWRDemoDll. dll"。其封装用于接触式IC卡的读写，命名空间为"MWRDemoDll"。

添加"MWRDemoDll. dll"文件到工程，引用成功后出现代码：using MWRDemoDll。

另外还需要用到一个文件：mwrf32. dll。它是C++的API，可在项目第一次编译后复制到BIN目录的DEBUG/ Release下。

3）打开程序窗口时初始化连接读卡器。由于读卡是建立在计算机与读卡器建立了连接的基础上，所以需要先在程序窗口打开时进行初始化，连接读卡器，以便后面的读写卡功能顺利进行。参考MWRDemoDll动态链接库中的函数（"项目4\动态库\桌面高频读写器\动态链接库说明. pdf"），加入如下代码可以实现读卡器的连接。

```
private void Window_Loaded(object sender, RoutedEventArgs e)
{
        MifareRFEYE.Instance.ConnDevice(); //连接设备

}
```

4）关闭窗口时关闭连接。既然打开窗口自动连接读卡器，那么下面需要考虑如何关闭连接。一般在关闭程序窗口时，与读卡器之间的连接也相应地自动断开。因此，加入如下代码实现关闭窗口时断开连接。

```
private void Window_Closing(object sender, System.ComponentModel.CancelEventArgs e)
{
        MifareRFEYE.Instance.CloseDevice(); //断开连接
}
```

5）寻卡按钮功能实现。在动态链接库MWRDemoDll中，可以找到"MifareRFEYE. Instance. Search()"这个方法，是用于寻卡的，有一个返回值，类型是ResultMessage。根据这个返回值的内容可以判断寻卡是否成功，如果返回成功，则把寻卡得到的卡号显示到界面中的文本框组件txtCardId中。

在"寻卡"按钮上附加如下代码。

```
private void btnSearchCard_Click(object sender, RoutedEventArgs e)
{
    //寻卡
    ResultMessage resMsg= MifareRFEYE.Instance.Search();
    switch (resMsg.Result)
    {
        case Result.Exception:
        MessageBox.Show("寻卡错误！", "提示", MessageBoxButton.OK , MessageBoxImage.Error);
            break;
        case Result.Failure:
        MessageBox.Show("寻卡失败！", "提示", MessageBoxButton.OK , MessageBoxImage.Error);
            break;
        case Result.Nunknown:
        MessageBox.Show("寻卡出现未知错误！", "提示", MessageBoxButton.OK,
        MessageBoxImage.Error);
            break;
    case Result.Success: { //寻卡成功
            //显示返回卡号
            txtCardId.Text = resMsg.Model.ToString();
            }
            break;
        default:
            break;
    }
}
```

完整代码详见配套资源中的"任务1：体育馆门禁管理端发卡程序开发\二、寻卡读取卡号功能实现\步骤结束完整代码"文件夹。

3．发卡：写卡功能实现

上一步已经完成了寻卡功能的实现，接下来完成本任务中最核心的功能：发卡。完成读取卡号后，将次数与起始日期写入高频卡中。本项目中，通过高频读写器设备往高频卡写入相关数据；程序中使用默认密钥。高频卡的存储情况见表4-1。

表4-1　高频卡的存储情况

扇　　区	块	卡中存放的值
2	0	次数
2	1	开始时间
2	2	结束时间

程序实现的整体思路：取得高频卡卡号，填写次数与起始日期，检查输入数据的有效性，如果数据有效，则在密钥验证成功后，将次数、开始时间和结束时间分别调用外部方法写入高频卡的第2扇区0、1、2块，并提示写入成功等信息。

根据以上思路，可以在"发卡"按钮上附加如下代码。

```
private void btnWriteCard_Click(object sender, RoutedEventArgs e)
{
    //获取卡号
    string FCardID = txtCardId.Text;
    if (FCardID == String.Empty)
    {
        MessageBox. Show ("请将先进行寻卡操作！", "提示", MessageBoxButton. OK,
        MessageBoxImage. Error);
        return;
    }
    //初始化次数，默认为1次
    txtCaedPayNo.Text = "1";
    //检测数据有效性
    if (txtCaedPayNo.Text == "" || dpk1.Text == "" || dpk2.Text == "")
    {
        MessageBox.Show("请将信息填写完整！", "提示", MessageBoxButton.OK,
        MessageBoxImage.Error);
        return;
    }
    DateTime FTime = DateTime.Now;
    string Msg = "";
    //密钥验证
    if (MifareRFEYE.Instance.AuthCardPwd(null, CardDataKind.Data2).Result == Result.Success)
    {
        if (MifareRFEYE.Instance.WriteString(CardDataKind.Data2, txtCaedPayNo.Text, 0, null) == 0)
        {
            Msg += "写入次数";
    Msg +=(MifareRFEYE.Instance.WriteString(CardDataKind.Data2, txtCaedPayNo.Text, 0,
null) == 0) ? "成功" : "失败";
```

```
                        Msg += "，写入开始时间";
                            Msg += (MifareRFEYE.Instance.WriteString(CardDataKind.Data2,
dpk1.Text, 1, null) == 0) ? "成功" : "失败";
                        Msg += "，写入结束时间";
                            Msg += (MifareRFEYE.Instance.WriteString(CardDataKind.Data2,
dpk2.Text, 2, null) == 0) ? "成功" : "失败";  } }
            else
            {
            Msg = "密钥验证失败！";
            }
            MessageBox.Show(Msg,"提示",MessageBoxButton.OK,MessageBoxImage.Information);
        }
```

效果展示如图4-5和图4-6所示。

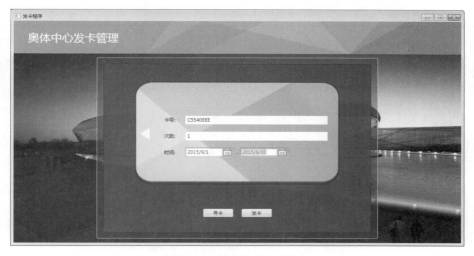

图4-5　填写次数与时间

图4-6　单击"发卡"按钮后弹出提示

4．发卡信息写入数据库

上一步已经实现了寻卡及发卡功能，即可以通过读写器读取卡号，并将次数与起始日期写入高频卡中，对于每张卡什么时候发出等信息并不能在计算机端进行数据查询，为此，打算在读写卡的同时，将高频卡的发卡信息一并写入数据库中进行保存，这样就方便在计算机客户端上对卡内数据进行查询检索。

首先需要将卡号（对应的字段名为FCardID）和发卡时间（对应的字段名为FTime）保存到数据库的FUser表中（见表4-2）。

表4-2　FUser表

字 段 名 称	类 型	备 注
FID	int（自增长）	序号
FCardID	nvarchar	卡号ID
FTime	datetime	发卡时间

由于涉及数据库操作，此处采用三层架构（UI+BLL+DAL）及Model实体模式进行开发（参考本节知识准备部分），分别创建用于业务逻辑处理的BLL类与用于数据库直接访问的DAL类，同时建立业务实体Model，本步骤涉及的是FUser实体类。

1）FUser实体类，对应数据表FUser的以下3个字段。

```
namespace DataProvider.Models
{
    public class FUser
    {
        public int FID { get; set; }
        public string FCardID { get; set; }
        public DateTime? FTime { get; set; }
    }
}
```

2）DAL类进行数据库访问，主要代码如下。

① 添加新用户，将卡号和发卡时间信息插入数据表FUser中。

```
public static void FUserAdd(FUser info)
    {
        using (SqlConnection conn = CrateConnection())
        {
            string sql ="Insert Into FUser(FCardID,FTime) VALUES(@FCardID,@FTime)";
            SqlCommand cmd = new SqlCommand(sql, conn);
            cmd.CommandType = CommandType.Text;
            cmd.Parameters.Add("@FCardID", SqlDbType.NVarChar, 50).Value = info.FCardID;
            cmd.Parameters.Add("@FTime", SqlDbType.DateTime).Value = info.FTime;
```

```
                conn.Open();
                cmd.ExecuteNonQuery();
                cmd.Dispose();
                conn.Close();
            }
        }
```

② 检索卡号是否已经存在，即是否已经发卡。

```
    public static bool FUserExists(string cardID)
    {
        using (SqlConnection conn = CrateConnection())
        {
            string sql = "select count(1) From FUser where FCardID=@FCardID";
            SqlCommand cmd = new SqlCommand(sql, conn);
            cmd.CommandType = CommandType.Text;
            cmd.Parameters.Add("@FCardID", SqlDbType.NVarChar, 50).Value = cardID;
            conn.Open();
            int count = Convert.ToInt32(cmd.ExecuteScalar());
            cmd.Dispose();
            conn.Close();
            return count > 0;
        }
    }
```

3）BLL类，用于业务逻辑处理，主要代码如下。

① 发卡函数。

```
    public static bool SendCard(string cardID)
    {
        if (!DAL.FUserExists(cardID))
        {
            FUser user = new FUser();
            user.FCardID = cardID;
            user.FTime = DateTime.Now;
            DAL.FUserAdd(user);
            return true;
        }
        return false;
    }
```

② 检查是否已经注册。

```
    public static bool ExistsCard(string cardID)
    {
```

```
        return DAL.FUserExists(cardID);
    }
```

4）增加将发卡信息写入数据库的功能，主要代码如下。

① 引入数据库操作命名空间。

```
using DataProvider;
```

② 在"发卡"按钮上附加如下代码。

```
//如果该卡已经注册，则不写入数据库，否则添加到数据库
if (BLL.ExistsCard(FCardID))
    {
    MessageBox.Show("此卡已注册！");
    return;
    }
//写入数据库
BLL.SendCard(FCardID);
//如果发卡成功，则弹出提示框，并将文本框清空，方便下次操作
    string msg = string.Format("卡号:{0}\n次数:{1}\n时间:{2} 到 {3}", FCardID, txtCaedPayNo.Text, dpk1.Text, dpk2.Text);
    txtCardId.Text = string.Empty;
    txtCaedPayNo.Text = string.Empty;
    btnWriteCard.IsEnabled = false;
    MessageBox.Show(Msg +"\r\n"+ msg, "提示", MessageBoxButton.OK, MessageBoxImage.Information);
```

效果展示如图4-7和图4-8所示。

图4-7 提示写入成功

图4-8　发卡成功后数据表FUser

5．读取数据库显示发卡信息

单击"寻卡"按钮时，如果该卡已经注册过，则可以将该卡的发卡信息从数据库中读取显示出来，方便了解该卡的发卡情况，就本次任务来说，就是读取该卡的发卡时间并显示。

在DAL类中，添加根据高频卡卡号FCardID查找记录函数，代码如下。

```
public static List<FUser> QueryFUser(string cardID)
{
    List<FUser> list = new List<FUser>();
    using (SqlConnection conn = CrateConnection())
    {
        string sql = "select * from FUser where 1=1 ";
        SqlCommand cmd = new SqlCommand();
        if (!string.IsNullOrEmpty(cardID))
        {
            sql += " and FCardID=@FCardID";
            cmd.Parameters.Add("@FCardID", SqlDbType.NVarChar, 50).Value = cardID;
        }
        cmd.Connection = conn;
        cmd.CommandType = CommandType.Text;
        cmd.CommandText = sql;
        conn.Open();
        IDataReader reader = cmd.ExecuteReader();
        while (reader.Read())
        {
            FUser info = new FUser();
            info.FID = Convert.ToInt32(reader["FID"]);
            info.FCardID = Convert.ToString(reader["FCardID"]);
            info.FTime = (DateTime?)reader["FTime"];
```

```
                list.Add(info);
            }
            cmd.Dispose();
            conn.Close();
        }
        return  list;  }
```

在寻卡成功的同时，查找读取数据库里的发卡信息，弹出显示该卡的发卡时间的对话框。

```
//显示返回卡号
txtCardId.Text  =  resMsg.Model.ToString();
string  FCardID  =  txtCardId.Text;
//读取数据库
List<DataProvider.Models.FUser>  list=  BLL.QueryFUser(FCardID);
if  (list.Count>0)
{
MessageBox.Show("用户发卡时间: "+list[0].FTime.ToString(),"信息",MessageBoxButton.
OK,MessageBoxImage.Information);
}
```

效果展示如图4-9所示。

图4-9　寻卡的同时查找数据库内的发卡信息

任务2　体育馆门禁刷卡验证程序开发

 任务描述

在本任务中，利用提供的相关资源，开发.NET平台下的Windows项目，实现体育馆门禁刷卡验证程序的开发。

任务分析

该任务模拟体育馆门禁刷卡验证系统，运动员可刷卡进入体育馆中心，卡片中设定了次数、有效时间区间，次数用完或者不在有效时间区间都不能刷卡通过。

利用引用库与文档说明、图片素材和布局文件等资源，实现摄像头的调用，并在用户刷卡验证通过后进行头像拍照，将进场记录保存到数据库。效果如图4-10所示。

图4-10　门禁刷卡验证程序

知识准备

网络摄像头

本节将涉及抓拍用户头像照片，需要用到可以远程操控的网络摄像头。

网络摄像头（Web Camera，Webcam），是一种结合传统摄像机与网络技术的新一代摄像机。只要标准的网络浏览器（如Microsoft IE或Netscape），即可监视其影像。

根据网络摄像头的原理，在应用方面，其镜头的图像传感器与模拟摄像机相同；声音传感器与传统的话筒原理一样；需要具备A/D转换器使图像与声音等模拟信号转换为数字信号；经A/D转换后的图像、声音数字信号，按一定的格式或标准进行编码压缩。编码压缩的目的是为了便于实现音/视频信号与多媒体信号的数字化，便于在计算机系统、网络以及万维网上不失真地传输上述信号。

1．程序WPF界面制作

根据本书配套资源中"项目4\代码\任务2：体育馆门禁刷卡验证程序开发\一、程序WPF界面制作\提供的基础代码\图片素材"提供的资源，完成如图4-11和图4-12所示的界面。

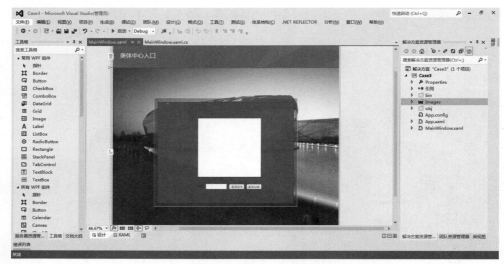

图4-11　程序WPF制作

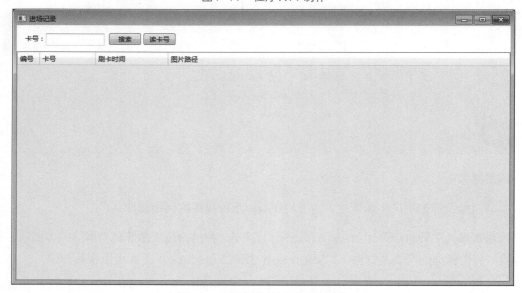

图4-12　程序进场记录界面制作

1）新建WPF项目，.NET Framework选择4.5或以上版本，将图片素材导入项目中。

2）设置窗体标题，并使用相应组件和图片资源进行布局，注意对齐方式和间距设置。

完成主界面制作后，再进行"进场记录"界面的制作，布局完成后的完整代码，请参看配套资源中的"项目4\代码\任务2：体育馆门禁刷卡验证程序开发\一、程序WPF界面制作\步骤结束完整代码"，主界面文件为"MainWindow.xaml"，进场记录界面文件为"FRecordWindow.xaml"。

2．刷卡验证功能实现

上一步已经完成了刷卡验证程序的界面制作，接下来进行刷卡验证功能的实现，计算机连接上读写器后，要求单击"进场刷卡"按钮，完成读取高频卡卡号，并提示该卡是否通过验证。

1）读卡，获取卡号、剩余次数和有效时间区间。

```
/// <summary>
/// 刷卡按钮单击事件
/// </summary>
/// <param name="sender"></param>
/// <param name="e"></param>
private void btnRead_Click(object sender, RoutedEventArgs e)
{
    ResultMessage ret = MifareRFEYE.Instance.Search();
    if (ret.Result != Result.Success)//读卡失败
    {
        //MessageBox.Show(ret.OutInfo);
        return;
    }
    txtCardNo.Text = ret.Model.ToString();
    CardDataKind dataKind = CardDataKind.Data2;
    ret = MifareRFEYE.Instance.AuthCardPwd(null, dataKind);
    if (ret.Result != Result.Success)//密码校验失败
    {
        return;
    }
    int times = 0;
    //读取卡次数
    string retData = MifareRFEYE.Instance.ReadString(dataKind, 0);
    //读取信息成功则显示，并返回值
    if (retData != null && !int.TryParse(retData.Trim(), out times))
    {
        return;
    }
    //读取开始时间
    retData = MifareRFEYE.Instance.ReadString(dataKind, 1);
    DateTime fromDate = DateTime.MinValue;
    if (retData != null && !DateTime.TryParse(retData.Trim(), out fromDate))
    {
```

```
        return;
    }
    DateTime toDate = DateTime.MinValue;
    retData = MifareRFEYE.Instance.ReadString(dataKind, 2);
    if (retData != null && !DateTime.TryParse(retData.Trim(), out toDate))
    {
        return;
    }
```

2）进行信息验证，弹出相应提示。接下来需要对获取的信息进行验证，如果获取的有效起始时间fromDate大于当前时间，或者当前时间大于终止时间，则表示该卡已经过期；如果发现该卡的剩余次数已经小于等于0，则也表示该卡不再可用；或者通过检索数据库找不到该卡的卡号信息，表示该卡还未注册。以上3种情况都属于验证失败的情况，排除掉这几种情况，则表示该卡验证成功，单击按钮后应提示验证成功。

刚刚的按钮事件中还需添加以下代码。

```
if (DateTime.Now < fromDate || DateTime.Now > toDate)
{
    MessageBox.Show("不在时间范围内");
    return;
}
if (times <= 0)
{
    MessageBox.Show("已超出次数限制");
    return;
}
if (!BLL.ExistsCard(txtCardNo.Text))
{
    MessageBox.Show("此卡未注册");
    return;
}
    MessageBox.Show("验证成功！", "信息", MessageBoxButton.OK, MessageBoxImage.Information);
```

3）刷卡验证成功后，对剩余次数进行自减，并写入卡内。

在步骤2）的结尾处增加以下代码，实现剩余次数的更新。

```
times--;
    int num = MifareRFEYE.Instance.WriteString(dataKind, times.ToString(), 0);
    if (num != 0)
    {
        return;
    }
```

效果展示如图4-13所示。

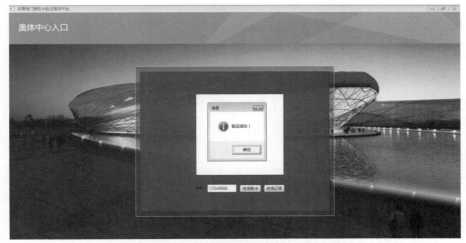

图4-13　进场刷卡验证成功

3. 进场记录写入数据库

上一步已经实现了刷卡验证功能，但还不能将用户的进场信息保存下来。接下来打算在刷卡验证的同时，将进场信息一并写入数据库中进行保存，这样就方便在计算机客户端上对进场记录进行查询检索。

将卡号（对应的字段名为FCardID）、刷卡时间（对应的字段名为FTime）和图片路径（对应的字段名为FImagePath）保存到数据库的FRecord表中（见表4-3）。

表4-3　FRecord表

字 段 名 称	类 型	备 注
FID	int	序号
FCardID	nvarchar	卡号ID
FImagePath	nvarchar	图片路径
FTime	datetime	刷卡时间

由于涉及数据库操作，此处依然采用之前试用过的三层架构（UI+BLL+DAL）及Model实体模式进行开发，分别创建用于业务逻辑处理的BLL类与用于数据库直接访问的DAL类，同时建立业务实体Model，本步骤涉及的是FRecord实体类。

1）FRecord实体类，对应数据表FRecord的以下4个字段。

```
namespace DataProvider.Models
{
    public class FRecord
    {
        public int FID { get; set; }
```

```
        public string FCardID { get; set; }
        public string FImagePath { get; set; }
        public DateTime? FTime { get; set; }


    }
}
```

2）DAL类，进行数据库访问，用于添加进场记录，数据库写入，主要代码如下。

```
public static void FRecordAdd(FRecord info)
{
    using (SqlConnection conn = CrateConnection())
    {
        string sql = "Insert Into FRecord(FCardID,FImagePath,FTime) VALUES(@
        FCardID,@FImagePath,@FTime)";
        SqlCommand cmd = new SqlCommand(sql, conn);
        cmd.CommandType = CommandType.Text;
        cmd.Parameters.Add("@FCardID", SqlDbType.NVarChar, 50).Value = info.FCardID;
        cmd.Parameters.Add("@FImagePath", SqlDbType.NVarChar, 50).Value = info.FImagePath;
        cmd.Parameters.Add("@FTime", SqlDbType.DateTime).Value = info.FTime;
        conn.Open();
        cmd.ExecuteNonQuery();
        cmd.Dispose();
        conn.Close();
    }
}
```

3）BLL类，用于业务逻辑处理。创建SaveRecord（string cardID，string imagePath）函数，如果发现该卡已注册，则引用上一步DAL类中的DAL. FRecordAdd（record）方法，将新的进场记录写入数据库，主要代码如下。

```
public static bool SaveRecord(string cardID, string imagePath)
{
    //此卡未注册
    if (!DAL.FUserExists(cardID))
    {
        return false;
    }
    FRecord record = new FRecord();
    record.FCardID = cardID;
    record.FTime = DateTime.Now;
    record.FImagePath = imagePath;
    DAL.FRecordAdd(record);
    return true;
}
```

4）添加进场记录写入数据库的功能。

① 引入数据库操作命名空间。

```
//数据库操作命名空间
using DataProvider;
```

② 在"进场刷卡"按钮上的刷卡按钮事件中，再添加如下代码。

```
//保存记录
BLL.SaveRecord(txtCardNo.Text, "");
MessageBox.Show("验证成功！", "信息", MessageBoxButton.OK, MessageBoxImage.
Information);
```

数据库中的效果展示如图4-14所示。

图4-14　进场刷卡验证成功后添加进场记录到FRecord数据表中

4．读取数据库显示进场记录

单击"进场记录"按钮，打开进场记录界面，会显示之前的进场记录信息，即需要读取数据库，获取卡号、刷卡进场时间等信息。

1）添加"进场记录"按钮事件，单击可以打开"进场记录"界面，FRecordWindow.xaml是在任务开始时制作的进场记录WPF程序界面。

```
/// <summary>
/// 进场记录单击事件
/// </summary>
/// <param name="sender"></param>
/// <param name="e"></param>
private void btnRecord_Click(object sender, RoutedEventArgs e)
```

```
    {
        new FRecordWindow().ShowDialog();
    }
```

2）DAL类中，添加根据高频卡卡号FCardID查找进场记录的函数QueryFRecord（string cardID）。

```
public static List<FRecord> QueryFRecord(string cardID)
{
    List<FRecord> list = new List<FRecord>();

    using (SqlConnection conn = CrateConnection())
    {
        string sql = "select * from FRecord where 1=1 ";
        SqlCommand cmd = new SqlCommand();
//如果卡号不为空，则增加查询条件，根据卡号来查找对应记录
//如果卡号为空，则显示全部进场记录
        if (!string.IsNullOrEmpty(cardID))
        {
            sql += " and FCardID=@FCardID";
            cmd.Parameters.Add("@FCardID", SqlDbType.NVarChar, 50).Value = cardID;
        }
        cmd.Connection = conn;
        cmd.CommandType = CommandType.Text;
        cmd.CommandText = sql;
        conn.Open();
        IDataReader reader = cmd.ExecuteReader();
        while (reader.Read())
        {
            FRecord info = new FRecord();
            info.FID = Convert.ToInt32(reader["FID"]);
            info.FCardID = Convert.ToString(reader["FCardID"]);
            info.FTime = (DateTime?)reader["FTime"];
            info.FImagePath = Convert.ToString(reader["FImagePath"]);
            list.Add(info);
        }
        cmd.Dispose();
        conn.Close();
    }
    return list;
}
```

3）BLL类中，添加相应的查找进场记录的函数，直接返回DAL. QueryFRecord(cardID)的返回值。

```
public static List<FRecord> QueryFRecord(string cardID)
{
    return DAL.QueryFRecord(cardID);
}
/// 为"读卡号"按钮添加事件
/// <summary>
/// 读卡号
/// </summary>
/// <param name="sender"></param>
/// <param name="e"></param>
private void btnRead_Click(object sender, RoutedEventArgs e)
{
    ResultMessage ret = MifareRFEYE.Instance.Search();
    if (ret.Result != Result.Success)//读卡失败
    {
        return;
    }
    txtCardNo.Text = ret.Model.ToString();
    Query();
}
private void Query()
{
    dgvRecord.ItemsSource = BLL.QueryFRecord(txtCardNo.Text);
}
```

4）为"搜索"按钮添加事件，根据步骤2）中查找进场记录的函数QueryFRecord(string cardID)的代码可知，在无卡号前提下，如果直接单击"搜索"按钮，则显示全部进场记录信息。

```
/// <summary>
/// 搜索
/// </summary>
/// <param name="sender"></param>
/// <param name="e"></param>
private void btnSearch_Click(object sender, RoutedEventArgs e)
{
    Query();
}
```

效果展示如图4-15和图4-16所示。

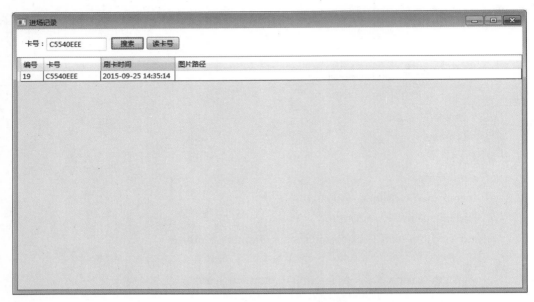

图4-15 读卡号后进行搜索

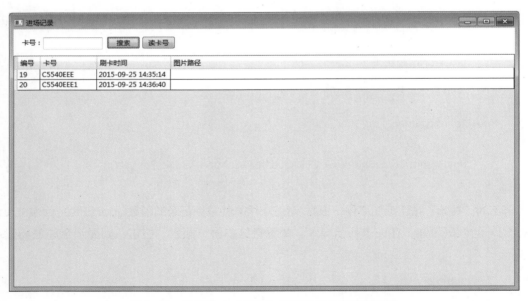

图4-16 直接单击"搜索"按钮显示全部进场记录

5．调用摄像头抓拍照片存档

前面已经基本完成了刷卡验证程序，但是还缺少一个功能，就是在刷卡验证通过后，还需要调用摄像头抓拍照片，将图片保存到文件目录Image下，并存入数据库中。

导入摄像头调用会用到的3个动态链接库文件，分别是ComLibrary.dll、IPCameraDll.dll和MyCamer.dll，并在主界面MainWindow.xaml.cs中引用，并在代码中加入命名空间如下。

```
//摄像头帮助类命名空间
using IPCameraDll;
```

显示摄像头实时画面。在MainWindow.xaml.cs主界面程序中，添加如下代码实现摄像头实时画面显示。

```
/// 摄像头类
private IPCamera camera;
/// 窗体加载事件，其中的IP地址和端口，应根据实际情况填写
private void Window_Loaded(object sender, RoutedEventArgs e)
{
    camera = new IpCameraHelper("219.228.234.24:81", "admin", "", ImageRead);
    camera.StartProcessing();
}
/// 图片获取，img为界面中的图片控件名称
private void ImageRead(ImageEventArgs e)
{
    var bitmap = e.FrameReadyEventArgs.BitmapImage;
    img.Source = bitmap;
}
```

刷卡验证通过时，实现摄像头抓拍。

在之前的"进场刷卡"按钮单击事件中，添加如下代码，实现验证通过后，摄像头抓拍，并将图片路径保存到数据库。

```
//生成图片
string path = SaveImage();
//保存记录
BLL.SaveRecord(txtCardNo.Text, path);
```

在按钮事件外，实现SaveImage()生成图片方法，由于要保存图片到文件夹，所以要先获取路径，代码如下。

```
/// 程序路径
string AppPath = AppDomain.CurrentDomain.BaseDirectory;
```

然后生成图片并保存到文件夹，代码如下。

```
/// 生成图片
private string SaveImage()
{
    string folder = System.IO.Path.Combine(AppPath, "Images");
    if (!System.IO.Directory.Exists(folder))
    {
        System.IO.Directory.CreateDirectory(folder);
```

```
                }
        string imgPath = string.Format("Images\\{0}_{1}.jpg", txtCardNo.Text, DateTime.Now.
ToString("yyyyMMddHHmmss"));
                string realPath = System.IO.Path.Combine(AppPath, imgPath);
                SaveBitmapImage((BitmapImage)img.Source, realPath);
                return imgPath;
        }
        /// 保存图片
        private void SaveBitmapImage(BitmapImage bitImg, string imgPath)
        {
                using (System.IO.FileStream fileStream = new System.IO.FileStream(imgPath,
System.IO.FileMode.Create, System.IO.FileAccess.ReadWrite))
                {
                        JpegBitmapEncoder encoder = new JpegBitmapEncoder();
                        encoder.Frames.Add(BitmapFrame.Create(bitImg));
                        encoder.Save(fileStream);
                        fileStream.Close();
                }
        }
```

关闭程序窗口时，停止获取摄像头画面，代码如下。

```
        /// 窗体关闭事件
        private void Window_Closing(object sender, System.ComponentModel.CancelEventArgs e)
        {
                camera.StopProcessing();
        }
```

效果展示如图4-17~图4-19所示。

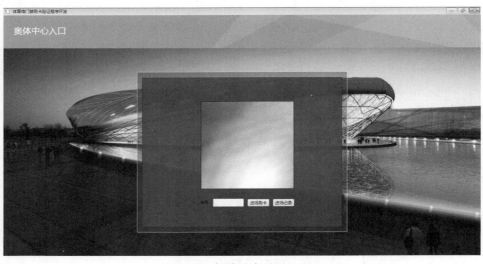

图4-17　摄像头实时画面显示

图4-18　进场刷卡验证成功后

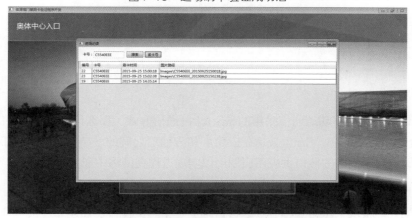

图4-19　查询某卡号的进场记录信息

任务3　体育馆安防管理子系统程序开发

任务描述

在本任务中，利用提供的相关资源，开发.NET平台下的Windows项目，实现体育馆安防管理子系统程序的开发。

任务分析

该任务模拟体育馆管理主程序安防数据获取模块，利用材料提供的引用库与文档说明、图片素材等资源，实现体育馆安防监控系统，当发现警情实时通知保安移动端，并能在计算机端手动关闭报警灯以及接受移动端远程指令关闭报警灯。

效果如图4-20所示。

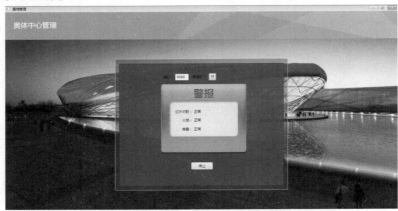

图4-20　体育馆安防管理子系统程序

1. 什么是Socket通信

本任务计算机端与移动端通信采用的是Socket通信方式，那么什么是Socket呢？我们经常把Socket翻译为套接字，Socket是在应用层和传输层之间的一个抽象层，把TCP/IP层复杂的操作抽象为几个简单的接口供应用层调用以实现进程在网络中通信。

Socket起源于UNIX，在UNIX一切皆文件的哲学思想下，Socket是一种"打开—读/写—关闭"模式的实现，服务器和客户端各自维护一个"文件"，在建立连接打开后，可以向自己文件写入内容供对方读取或者读取对方内容，通信结束时关闭文件。

2. Socket通信流程

以使用TCP通信的Socket为例，其交互流程大概如图4-21所示。

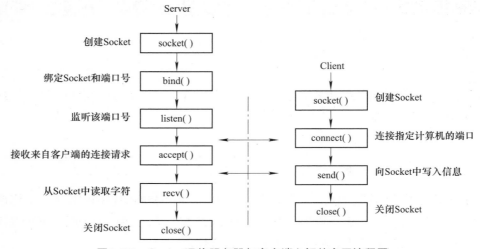

图4-21　Socket通信服务器与客户端之间的交互流程图

交互流程的说明如下。

1）服务器根据地址类型（IPv4或IPv6）、Socket类型、协议创建Socket。

2）服务器为Socket绑定IP地址和端口号。

3）服务器为Socket监听端口号请求，随时准备接收客户端发来的连接，这时服务器的Socket并没有被打开。

4）客户端创建Socket。

5）客户端打开Socket，根据服务器IP地址和端口号试图连接服务器Socket。

6）服务器Socket接收到客户端Socket请求，被动打开，开始接收客户端请求，直到客户端返回连接信息。这时候Socket进入阻塞状态，所谓阻塞即accept（）方法一直到客户端返回连接信息后才返回，开始接收下一个客户端谅解请求。

7）客户端连接成功，向服务器发送连接状态信息。

8）服务器accept（）方法返回，连接成功。

9）客户端向Socket写入信息。

10）服务器读取信息。

11）客户端关闭。

12）服务器端关闭。

任务实施

1. 程序WPF界面制作

根据本书配套资源（项目4\代码\任务3：体育馆安防管理子系统程序开发\一、程序WPF界面制作\提供的基础代码\图片素材）提供的图片资源，完成如图4-22所示的界面。

图4-22　体育馆安防管理子系统程序

1）新建WPF项目，.NET Framework选择4.5或以上版本，将图片素材导入项目中。

2）设置窗体标题，并使用相应组件和图片资源进行布局，注意对齐方式和间距设置。

布局完成后的完整代码，请参看配套资源中的"项目4\代码\任务3：体育馆安防管理子系统程序开发\一、程序WPF界面制作\步骤结束完整代码"，主界面文件为"MainWindow.xaml"。

2．安防传感数据的获取

上一步已经完成了发卡程序的界面制作，接下来将获取安防子系统中红外对射、火焰和烟雾传感器数据，并将这些信息显示在界面上，如图4-23所示。

图4-23　获取并显示各传感器数据

上一步已经完成了程序的界面制作，接下来进行获取传感器数据功能的实现。

1）引入外部动态链接库文件，涉及两个文件：DigitalLibrary.dll和ComLibrary.dll。

2）所需变量与对象的定义如下。

```
private string adamPortName = "COM2"; //指定通信串口号，根据实际修改
DigitalLibrary.ADAM4150 adam4150; //动态链接库ADAM4150工具类
Thread timer; // 使用线程timer来持续实时接收传感数据
bool timerState = false; // 线程默认情况是关闭状态
```

程序打开后，对ADAM4150对象进行实例化，并实例化线程。

```
void MainWindow_Loaded(object sender, RoutedEventArgs e)
{
    //实例化串口设置实体
    DigitalLibrary.ComSettingModel model = new DigitalLibrary.ComSettingModel();
    //配置串口参数
    model.DigitalQuantityCom = adamPortName;
    //实例化Modbus4150数字量帮助类
    adam4150 = new DigitalLibrary.ADAM4150(model);
```

```
    //实例化线程
    timer = new System.Threading.Thread(new ThreadStart(ReadData));
}
```

上一步中的ReadData函数就是用于循环获取传感器数据的函数。

```
/// 采集数据（循环）
private void ReadData()
{
    try
    {
        while (true)
        {
            //采集数据
            adam4150.SetData();
            //保存数据到变量，infrared表示红外、fire表示火焰、smoke表示烟雾
            bool infrared = adam4150.DI4;
            bool fire = adam4150.DI2;
            bool smoke = adam4150.DI1;
            Dispatcher.Invoke(new Action(() =>
            {
                lblInfrared.Text = infrared ? "检测到非法入侵" : "正常";
                lblFire.Text = fire ? "检测到有火" : "正常";
                lblSmoke.Text = smoke ? "检测到有烟雾" : "正常";
            }));
            Thread.Sleep(2000);
        }
    }catch (Exception)
    { }
}
```

当单击"启动"按钮时，开启timer线程进行数据获取，单击后按钮文本变成"停止"。

```
/// 启动按钮单击事件
private void btnStart_Click(object sender, RoutedEventArgs e)
{
    if (!timerState)
    {
        if (timer.ThreadState == ThreadState.Unstarted)
        {
            timer.Start();
        }
        else
        {
```

```
                timer.Resume();
            }
            timerState = true;
            btnStart.Content = "停止";
        }
        else
        {
            timer.Suspend();
            timerState = false;
            btnStart.Content = "开始";
        }
    }
```

程序关闭时，关闭线程。

```
/// 窗体关闭事件
void MainWindow_Closing(object sender, System.ComponentModel.CancelEventArgs e)
{
    //关闭线程
    if (timer.ThreadState==ThreadState.Suspended)
    {
        timer.Resume();
    }
    timer.Abort();
    timer = null;
}
```

3．报警灯控制

上一步已经完成了传感器的数据获取与显示，接下来将试试如何手动控制报警灯的开关控制，以备后用，如图4-24所示。

图4-24　手动控制报警灯开关

1）界面上增加报警灯开关按钮与文字描述。

2）在开关按钮上添加按钮事件如下。

```
private void btnLampOnOrOff_Click(object sender, RoutedEventArgs e)
{
    string cmdText=btnLampOnOrOff.Content.ToString();
    ControlLampOnOrOff(cmdText == "开");
}
```

上述代码中可以看出按钮事件是根据按钮上的文本是"开"或"关"来调用ControlLampOnOrOff函数进行具体的控制操作。

手动控制函数ControlLampOnOrOff的实现如下。

```
private bool ControlLampOnOrOff(bool IsOn)
{
    bool state = false;
    string ButtonText=string.Empty;
    if (IsOn)
    {//开
    state = adam4150.OnOff(DigitalLibrary.ADAM4150FuncID.OnDO0);
        if (state)
        {
            ButtonText = "关";
        }
    }
    else
    {//关
    state = adam4150.OnOff(DigitalLibrary.ADAM4150FuncID.OffDO0);
        if (state)
        {
            ButtonText = "开";
        }
    }
    //设置按钮文本
    if (ButtonText!=string.Empty)
    {
        btnLampOnOrOff.Content = ButtonText;
    }
    return state;
}
```

4．警情实时通知

上一步中试着添加了手动控制报警灯开关的功能，接下来把报警灯的控制交给程序本身，当发现有人非法闯入、有烟或有火等警情发生时，程序自动打开报警灯，并向移动端上的场馆安防移动子系统传递报警信息，方便安保人员快速抵达解除警情。

1）添加自动报警功能。在"安防传感数据获取"环节中，已经编写了ReadData（）函数进行循环采集数据，接下来只需要在这个函数里添加如下代码，即可完成报警灯的自动控制。

```
//报警灯控制
if (infrared || fire || smoke)
{
        ControlLampOnOrOff(true);
}
```

只要infrared（红外）、fire（火焰）和smoke（烟雾）状态中有一个是非正常的，那么都会自动打开报警灯。

2）建立计算机端到移动端的数据通道。由于需要将警情实时传递到安保人员手中，所以需要将计算机端的警情数据传递到移动端中。本任务采用Socket通信方式来完成计算机端与移动端的数据传递。首先编写一个专门的Socket通信帮助类SocketHelper.cs，该类可以完成计算机端到移动端的实时数据传递。需要注意的是，由于需要用到网络，所以不要忘记添加如下引用。

```
//引用
using  System.Net.Sockets;
using  System.Net;
```

这个Socket通信帮助类在计算机端与移动端的通信中起到了重要的桥梁作用。由于篇幅问题，具体代码这里就不再赘述。

完整的代码在本书配套资源（项目4\代码\任务3：体育馆安防管理子系统程序开发\四、警情实时通知\步骤结束完整代码）中可以找到。

3）"启动"按钮上附加启动Socket连接的功能。在界面上填写好端口号，如9988，就可以单击"启动"按钮，打开Socket侦听，方便与移动端建立连接。

```
//开启侦听，IP地址需根据实际情况进行修改。
        socketHelper.Listen("219.228.234.13", int.Parse(txtPort.Text));
```

如果单击"停止"按钮，则停止Socket通信，注销侦听。

```
//注销侦听
        socketHelper.ListenDisconnect();
```

4）远程发送警情到移动端。

步骤1）中将报警灯的自动控制纳入ReadData（）函数，通过对3个传感器状态的判断来自动控制报警灯的开关，同样，也可以将自动发送警情的功能添加到ReadData ()函数中，加入以下语句用于发送警情。

```
SendData(infrared, fire, smoke);
```

SendData函数的作用就是定义数据格式并将报警数据传输到移动端。

```
/// 发送报警信息
/// <param name="infrared"></param>
/// <param name="fire"></param>
/// <param name="smoke"></param>
 private void SendData(bool infrared, bool fire, bool smoke)
 {
     byte[] buffer = new byte[1 + 1 + 1 + 3 + 1];
     int offset = 0;
     buffer[0] = 0xFF; //HEAD
     offset += 1;
     buffer[1] = 0x03; //CMD
     offset += 1;
     buffer[2] = 3; //DATA_LEN
     offset += 1;
     buffer[offset] = infrared ? (byte)1 : (byte)0;
     offset += 1;
     buffer[offset] = fire ? (byte)1 : (byte)0;
     offset += 1;
     buffer[offset] = smoke ? (byte)1 : (byte)0;
     offset += 1;
     buffer[offset] = 0xFF;
     for (int i = 0; i < socketHelper.listSocketClient.Count; i++)
     {
         //利用 socketHelper类中的Send方法发送警情通知
         socketHelper.Send(socketHelper.listSocketClient[0], buffer);
     }
 }
```

SendData函数为什么如此定义？这需要参考提供的通信协议来分析，通信协议文档在配套资源"项目4\代码\任务3：体育馆安防管理子系统程序开发\四、警情实时通知\步骤结束完整代码\通信协议.txt）中可以找到，主要内容如下。

==========警情通知（PC->android）==========

FF 03 03 00 00 00 FF

HEAD [1]+CMD [1]+Data_LEN [1]+InfraredState [1]+FireState [1]+SmokeState [1]+END [1]

HEAD：协议头，默认0xFF，1字节。

CMD：命令码，0x03，1字节。

Data_LEN：数据长度，1字节。

InfraredState：红外状态，0x00表示正常，0x01表示有人，1字节。

FireState：火焰状态，0x00表示正常，0x01表示有火，1字节。

SmokeState：烟雾状态，0x00表示正常，0x01表示有烟，1字节。

END：协议尾，默认0xFF，1字节。

由以上通信协议可以看出，由计算机端发送到Android移动端的数据格式为FF 03 03 00 00 00 FF，中间的3个"00"即3个传感器的状态。了解了通信协议的内容之后，再看SendData函数的定义就更容易懂了。

注意，由于本任务涉及计算机端与移动端的通信，所以在测试时，需要与项目5的内容对接，参看"项目5的任务1 场馆安防移动子系统程序开发"，找到对应的"场馆安防移动子系统"Android应用一同进行测试。

小结与测评

【小结】

本项目对奥体中心项目的3个计算机端程序开发分别进行了介绍，涉及体育馆门禁管理端发卡、门禁刷卡验证和体育馆安防管理3个功能模块。为此，本章将计算机端应用开发拆分成3个任务，并一一进行了讲解。

在任务1中，学习了如何对体育馆门禁管理端发卡程序进行开发，同时了解了高频卡读写器相关知识以及.NET开发三层架构（UI+BLL+DAL）及Model实体模式；在任务2中，学习了如何对体育馆门禁刷卡验证程序进行开发，了解了网络摄像头的相关知识；在任务3中，学习了如何对体育馆安防管理子系统程序进行开发，同时了解了Socket通信的相关知识。

【测评】

读者可以根据下面的测评表（见表4-4），对学习成果进行自评或互评，以便对自己的学习情况有更清晰的认识。

表4-4　测评表

序　号	考核内容	配　分	得　分	备　注
1	体育馆门禁管理端发卡程序开发	8分		界面没有完成，但功能有实现也可给分
（1）	按要求完成界面布局开发	1分		检查卡号文本框是否不可编辑（扣0.5分），界面布局不够美观则酌情扣分
（2）	寻卡功能	1分		通过桌面高频读卡器，验证高频卡，能读出卡号得1分
（3）	发卡功能	2分		是否验证卡号、次数、时间不能为空，没有验证扣0.5分，是否验证前面文本框时间小于后面文本框时间，酌情扣分
（4）	数据是否成功保存到数据库	2分		打开SQL Server查看数据库FUser表是否有发卡的数据
（5）	读取数据库成功显示数据	2分		正确显示出发卡时间
2	体育馆门禁刷卡验证程序开发	8分		界面没有完成，但功能有实现也可给分
（1）	按要求完成界面布局开发	1分		界面布局不够美观酌情扣分
（2）	进场刷卡验证功能实现	1分		可读出卡号得0.5分，通过数据库验证得0.5分
（3）	摄像头拍照	2分		有摄像头实时图像得1分，刷卡验证通过后有拍照截屏得1分（查看工程的image目录）
（4）	进场记录写入数据库	2分		完成进场记录保存到数据库得2分
（5）	进场记录查询功能	2分		完成进场记录查询功能，单击"查询"按钮可将数据库数据查询出来得2分
3	体育馆安防管理子系统主程序开发	9分		界面没有完成，但功能有实现也可给分
（1）	按要求完成界面布局开发	1分		界面布局不够美观酌情扣分
（2）	红外对射、火焰、烟雾数据获取	2分		数据错误一个扣0.5分，3个都不正确本题不得分
（3）	手动控制报警灯	2分		能进行报警灯的手动开关控制
（4）	自动报警查看	2分		有报警数据时，界面有提示得1分，警报灯亮得1分
（5）	实现Socket通信	2分		结合安防移动端应用能够形成完整通信闭环得2分
	合计		25分	

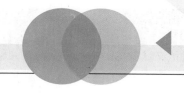

Project 5

项 目 ⑤

奥体中心项目移动端应用开发

项目概述

在完成了计算机端应用开发后，下面将开始进行项目的移动端应用开发。由于本项目移动端采用的是Android平台，所以本项目介绍的应用开发都是基于Android的应用开发。

本项目的计算机端应用涵盖3个部分，分别涉及场馆安防移动子系统、场馆导览子系统和餐厅环境监控子系统3个功能模块。为此，本项目将移动端应用开发分为3个任务。在任务1中，学习如何对场馆安防移动子系统程序进行开发；在任务2中，学习如何对场馆导览子系统程序进行开发；在任务3中，学习如何对餐厅环境监控子系统程序进行开发。本项目最后将对移动端应用开发阶段进行总结与测评。

学习目标

● 了解LED屏相关知识。
● 了解Android程序中常使用的外部库文件类型 .so和 .jar。
● 了解ZigBee数据通信协议相关知识。
● 学会引用外部库函数进行Android程序开发。
● 学会Android端到计算机端的Socket通信程序开发。
● 学会通过分析ZigBee数据协议获取传感器数据的Android程序开发。

任务1　保安安防移动子系统程序开发

任务描述 ◄

在本任务中，利用提供的相关资源，开发Android平台下的移动应用项目，实现保安安防移动子系统程序的开发。

任务分析 ◄

在之前的概要设计阶段中，已经了解到该任务模拟保安安防移动子系统程序，需要利用提供的相关类库文件（JAR、SO文件）及其说明文档，在移动互联终端上实现保安移动系统的业务需求。

任务完成后，效果如图5-1所示。

图5-1　保安安防移动子系统程序效果

知识准备 ◄

1．LED显示屏

LED显示屏，简称LED屏，又叫作电子显示屏或者飘字屏幕，是由LED点阵和LED PC

面板组成，通过红色、蓝色、白色和绿色LED灯的亮灭来显示文字、图片、动画及视频等内容。它可以根据不同场合的需要做出不同调节，如一般的广告牌上那些流动的字画，就是通过Flash制作一个动画，存储在显示屏的一张内存卡里，再通过技术手法显示出来的，可以根据不同的需要随时更换，各部分组件都是模块化结构的显示器件。

安装：从背后用螺钉旋入，将其固定在工位上。

接线：串口线接在串口服务器上通信；电源直接插在工位背后的插座上。

2. 移动端与LED屏通信

从图5-2所示的系统物理架构图中可以看出，本项目中的LED屏通过串口服务器连接到局域网，移动端通过Wi-Fi连接到同一个局域网，并在同一个局域网中完成数据通信。

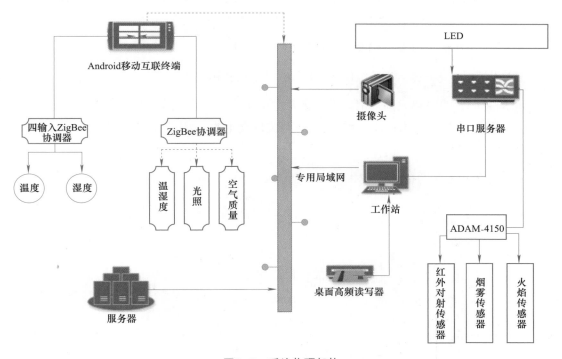

图5-2　系统物理架构

1. Android程序界面制作

根据本书配套资源（项目5\任务1：保安安防移动子系统程序开发\图片素材）提供的图片资源，完成如图5-3所示的界面。

图5-3 保安安防移动子系统程序主界面

1）新建Android项目，将图片素材导入到项目中。

2）设置标题，并拖入相应组件进行布局，注意尺寸和对齐方式。

布局完成后的完整代码，请参看配套资源中"项目5\任务1：保安安防移动子系统程序开发\源代码\1、Android界面制作"项目文件夹中的"AT1_1\res\layout\activity_main.xml"文件。

中间的警报提示的布局代码如下。

```
<RelativeLayout
    android:id="@+id/warning_relative"
    android:layout_width="293px"
    android:layout_height="324px"
    android:layout_centerInParent="true"
    android:background="@drawable/panel_alarm"  >

    <TextView
        android:id="@+id/warning_text"
        android:layout_width="wrap_content"
        android:layout_height="wrap_content"
        android:layout_centerInParent="true"
        android:layout_marginLeft="20dp"
        android:layout_marginRight="20dp"
        android:layout_marginTop="15dp"
        android:textSize="13sp"
        android:text="检测到有人入侵请及时处理"
        android:textColor="@android:color/black" />
</RelativeLayout>
```

"关闭灾情警报"按钮的布局代码如下。

```
<Button
    android:id="@+id/warning"
    android:layout_width="wrap_content"
    android:layout_height="wrap_content"
    android:layout_alignParentBottom="true"
    android:layout_alignParentRight="true"
    android:layout_margin="5dp"
    android:background="@drawable/input"
    android:padding="5dp"
    android:text="关闭灾情警报"
    android:textColor="@android:color/white"
    android:textSize="12sp" />
```

3）由于在默认情况下，中间的警报信息是会显示的，于是可以在MainActivity.java代码中，借助"关闭灾情警报"按钮的单击来控制警报信息的显示或隐藏。

```
public class MainActivity extends Activity {
    // 是否开启警报灯
    private boolean isOpenWarning = false;
    private RelativeLayout warning_relative;
    @Override
    protected void onCreate(Bundle savedInstanceState) {
        super.onCreate(savedInstanceState);
        setContentView(R.layout.activity_main);
        initView();
    }
    // 初始化布局
    private void initView() {
            //初始化视图
        warning_relative=(RelativeLayout) findViewById(R.id.warning_relative);
            //设置warning单击事件
        findViewById(R.id.warning).setOnClickListener(new OnClickListener() {
            @Override
            public void onClick(View v) {
                // TODO Auto-generated method stub
                if (isOpenWarning) {
                    //隐藏报警界面
                    warning_relative.setVisibility(View.GONE);
                    isOpenWarning = false;
                } else {
                    //显示报警界面
```

```
                    warning_relative.setVisibility(View.VISIBLE);
                    isOpenWarning = true;
                }
            }
        });    }}
```

2. Socket接受报警信息并显示

上一步已经完成了程序的界面制作，接下来需要接收从计算机端发过来的警报信息，如果收到警报信息，则在界面中显示出来，如图5-4所示。

图5-4　接收到警报信息并显示

1）确认软硬件环境支持。由于本任务对接的是"项目4的任务3体育馆安防管理子系统程序开发"，所以需要先确保计算机端应用开发中的该步骤已经顺利完成，并能正常运行。

由于本任务需要将报警信息显示到LED屏上，所以还应该确认LED屏与移动互联终端之间的连接。

2）创建用于Socket通信的SocketClient类。

① 新建一个类SocketClient.java，用于建立与计算机端应用的Socket连接。由于数据是实时传递到移动端，所以SocketClient由线程类继承而来。

```
public class SocketClient extends Thread {
    ......
}
```

② 实例化SocketClient类，需要参数：计算机端IP及端口号、回调方法。

```
private Socket client;
/**
*     实例化SocketClient类
* @param site ip
```

```
 * @param port 端口
 * @param callback 回调方法
 */
public SocketClient(String site, int port, DataCallBack callback) {
    try {
        //实例化Socket对象，传入服务器IP和PORT
        client = new Socket(site, port);
        //设置超时时间为5000ms
        client.setSoTimeout(5000);
        client.setTcpNoDelay(true);
        System.out.println("Client is created! site:" + site + " port:"+ port);
        this.callback = callback;
    } catch (UnknownHostException e) {
        e.printStackTrace();
    } catch (IOException e) {
        e.printStackTrace();
    }
}
```

③ 实时获取来自Socket的信息，然后以字节流的方式保存。

```
private boolean isRun = true;
private long timeOut = 2000L;
// 线程run()函数循环获取数据
@Override
    public void run() {
        while (isRun) {
            if (callback != null) {
                //获取数据
                byte[] data = getMsg();
                if (data != null) {
                    //触发回调函数中getData方法
                    callback.getData(data);
                }
            }
            try {
                Thread.sleep(timeOut);
            } catch (Exception e) {
                // TODO: handle exception
            }
        }
    }
```

```java
/**
 *  获取信息的具体函数  getMsg()
 * @return
 */
private byte[] getMsg() {
    System.out.println("getmsg");
    try {
        //获取client Socket对象的输入流
        InputStream inputStream = client.getInputStream();
        //定义b用于存储接收到的数据
        byte[] b = new byte[1024];
        // 通过inputStream.read方法将输入流的数据存储至b字节数组中
        int length = inputStream.read(b);
        System.out.println("length:" + length);
        if (length > 0) {
            //如果有数据
            byte[] getdata = new byte[length];
            //从b字节数组数据复制到getdata
            System.arraycopy(b, 0, getdata, 0, length);
            //返回接收数据
            return getdata;
        }
    } catch (IOException e) {
        // TODO Auto-generated catch block
        e.printStackTrace();
    }
    return null;
}
```

④ 关闭Socket。

```java
public void closeSocket() {
    try {
        isRun = false;
        if(client!=null){
            client.close();
        }
    } catch (IOException e) {
        e.printStackTrace();
    }
}
```

3）初始化布局。在MainActivity.java中，需要先让报警信息部分隐藏，直至真正检测到有警情时才显示报警信息。

```java
private RelativeLayout warning_relative;
private TextView text;
@Override
protected void onCreate(Bundle savedInstanceState) {
    super.onCreate(savedInstanceState);
    setContentView(R.layout.activity_main);
    initView();
}


//初始化布局
private void initView() {
    warning_relative=(RelativeLayout) findViewById(R.id.warning_relative);
    // 默认隐藏报警信息弹窗
    warning_relative.setVisibility(View.GONE);
    text=(TextView) findViewById(R.id.warning_text);
}
```

4）实例化SockeClient类，并开启Socket连接，检测传过来的数据，生成警告信息文本。在onCreate函数中加入以下代码。

```java
//实例化SocketClient类, 服务器端的IP地址和端口号, 参考项目4
socketClient = new SocketClient("219.228.234.10",9988,new DataCallBack()               {
@Override
public void getData(byte[] data) {
    //data为回调函数返回的数据
    String text="";
    //判断数据第4位，地址下标为3的数据是否为0。若0则表示无人，否则有人。
    if (data[3] == 0) {
        System.out.println("无人");
    } else {
        System.out.println("有人");
        text+="检测到有人入侵请及时处理";
    }
    //判断数据第5位，地址下标为4的数据是否为0。若0则表示无火，否则有火。
    if (data[4] == 0) {
        System.out.println("无火");
    } else {
        System.out.println("有火");
        text+="\n检测到有火请及时处理";
```

```
            }
        //判断数据第6位，地址下标为5的数据是否为0。若0则表示无烟，否则有烟。
            if (data[5] == 0) {
                System.out.println("无烟");
            } else {
                System.out.println("有烟");
                text+="\n检测到有烟请及时处理";
            }
        }
    });
    socketClient.start();
```

需要注意的是，当程序关闭时，Socket应该一起关闭。

```
    @Override
    protected void onDestroy() {
        // TODO Auto-generated method stub
        if(socketClient!=null){
            socketClient.closeSocket();
        }
            super.onDestroy();
    }
```

5）使用Handler处理接受的数据，并控制是否在程序界面上显示警报信息。首先在步骤4）实例化SocketClient类中，当判断生成了报警信息text后，立即将信息传递给Handler，所以在其中加入以下代码。

```
    //通过mHandler发送Message给主线程
    Message msg=mHandler.obtainMessage();
    msg.obj=text;
    msg.what=1;
    mHandler.sendMessage(msg);
```

而mHandler是Handler类的一个对象，通过它来处理报警信息在移动端上面显示出来。

```
    private Handler mHandler = new Handler(){
        @Override
        public void handleMessage(Message msg) {
            //如果Message的what标记为1
            if(msg.what==1){
                //获取到信息
                String test=(String)msg.obj;
                if(test.length()>0){
```

```
            //显示信息在TextView上
            text.setText(test);
            //使警报信息在RelativeLayout布局中显示出来
            warning_relative.setVisibility(View.VISIBLE);
        }else{
            //使警报信息在RelativeLayout布局中隐藏
            warning_relative.setVisibility(View.GONE);
        }
    }
    super.handleMessage(msg);
    };
};
```

3. 将报警信息显示到LED屏

上一步已经完成了实时监测计算机端的报警信息，将监测到的报警信息显示到移动端Android程序界面上。这个环节中希望把报警信息也同时显示到LED屏上，方便安保人员及其他在场人员快速注意到警情。

1）添加外部引用。本环节移动端需要与LED屏进行通信，需要用到led_lib.jar和libuart.so两个外部库，将它们添加到工程中，并添加引用，如图5-5所示。

图5-5　添加外部库文件

其中，LEDManager.class类，即本环节中将信息显示到LED屏时主要使用的类，如图5-6所示。

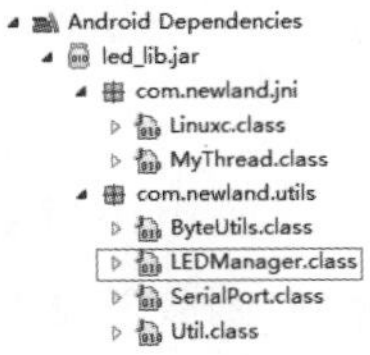

2）声明一个LEDManager对象并初始化。默认让LED屏显示"欢迎光临奥体中心"字样。

图5-6　添加外部库的引用

```
//声明一个LEDManager对象
    private LEDManager led;
/**
 * 初始化led对象
 */
    private void initLed() {
        led = new LEDManager();
//打开串口，LED显示屏接入COM1为串口通信，波特率为9600(则3)
 //传入参数1，0，3
        int ledfd = led.openUart(1, 0, 3);
        if (ledfd > 0) {//大于0则打开成功
            System.out.println("打开串口成功");
            //发送信息至LED，使其显示文字"欢迎光临奥体中心"
```

```
            led.sendMsgUartSave("欢迎光临奥体中心");
        }
    }
```

3）LED屏显示报警信息。设置一个布尔类型的标志变量isTrespass来标识报警状态，默认是false。

```
// 是否有警报信息
private boolean isTrespass = false;
```

再设置一个布尔类型的标志变量currentTrespass表示当前获得的报警状态，默认为false。

```
private boolean currentTrespass = false;
```

在实例化SocketClient类进行获取数据，判断有无警情时，增加对标志变量isTrespass的状态修改如下。

```
if (data[3] == 0) {
    System.out.println("无人");
    isTrespass=false;
} else {
    System.out.println("有人");
    text+="检测到有人入侵请及时处理";
    isTrespass=true;
}
```

最后，在用mHandler进行处理报警信息时，调用setIsTrespass（boolean isTrespass）函数来设置LED屏显示内容。

```
/**
 *    设置LED显示信息
 * @param isTrespass true 显示"检测到非法入侵"
 *  * false显示"欢迎光临奥体中心"
 */
public void setIsTrespass(boolean isTrespass) {
    if (currentTrespass != isTrespass) {
        currentTrespass = isTrespass;
        if (isTrespass) {
            led.sendMsgUart("检测到非法入侵");
        } else {
            led.sendMsgUartSave("欢迎光临奥体中心");
        }
```

```
        }
    }
```

4．关闭报警信息

上一步已经完成了报警信息在LED屏上显示，安保及在场人员能及时注意到警情，另外还希望安保人员在排除警情后能远程关闭灾情警报。

1）更新SocketClient类，增加由移动端到计算机端数据传输函数sendMsg()。将关闭报警的命令，定义为一个字节数组，具体如下。

```
//关闭报警将要发送的信息
private byte[] sendMsg = new byte[] { (byte) 0xFF, 0x02, 0x01, 0x00,
        (byte) 0xFF };
```

增加sendMsg()函数，用于数据发送。

```
/**
 *  发送信息至服务器
 * @return
 */
public char[] sendMsg() {
    try {
        //定义一个缓存阅读器，用于读取client中的输入流
        BufferedReader in = new BufferedReader(new InputStreamReader(
                client.getInputStream()));
        //定义一个输出流，获取client输出流
        OutputStream outputStream = client.getOutputStream();
        //往输出流里写入数据, sendMsg字节数组即是要发送的关闭报警信息。
        outputStream.write(sendMsg, 0, sendMsg.length);
        //temp1用于存放接收的数据
        char[] temp1 = new char[1024];
         //从缓存阅读器中读取数据，将其存入字符数组temp1中
        int leght = in.read(temp1);
        if (leght != -1) {//如果该数据不为空则读取成功
            char[] getdata = new char[length];
            //将temp1数组复制到getdata中
            System.arraycopy(temp1, 0, getdata, 0, length);
            System.out.println("length:" + length);
            //返回getdata字符数组
            return getdata;
        }
        return null;
```

```
        } catch (IOException e) {
            e.printStackTrace();
        }
    return null;
}
```

2）为"关闭灾情警报"按钮事件添加发送关闭报警命令的功能，调用步骤1）中的sendMsg()方法即可。

```
findViewById(R.id.warning).setOnClickListener(new OnClickListener() {
    @Override
    public void onClick(View v) {
        // TODO Auto-generated method stub
        //调用socketClient.sendMsg()函数发送关闭报警命令
        socketClient.sendMsg();
    }});
```

注意，本环节涉及数据从移动端到计算机端的传输，所以需要对照前面的"项目4的任务3体育馆安防管理子系统程序开发"的代码来一起进行测试。观察单击"关闭灾情警报"按钮后，计算机端是否收到传过来的命令且关闭了报警灯。

任务2　　场馆导览子系统程序开发

 任务描述

在本任务中，利用提供的相关资源，开发Android平台下的移动应用项目，实现场馆导览子系统程序的开发。

任务分析

在之前的概要设计阶段，已经了解到该任务模拟场馆导览子系统程序，需要利用提供的相关类库文件（JAR、SO文件）及其说明文档，在移动互联终端上实现场馆导览的业务需求。

该客户端提供给观赛人员使用，方便观赛人员了解场馆内容。进入首页时，播放提供的音频文件，并在LED屏上显示相关内容。

任务完成后，主界面效果如图5-7所示。

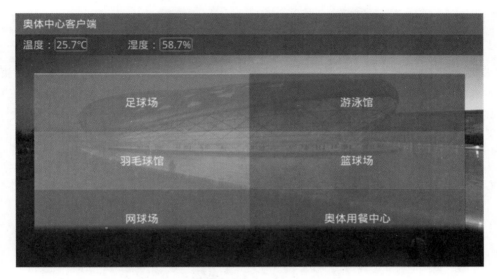

图5-7　场馆导览子系统程序主界面效果

Android程序中常使用的外部库文件类型.so和.jar

在项目5的任务1中，第一次在Android项目中使用了.so与.jar类型的外部库文件，移动端与LED屏进行通信，用到了两个外部库——libuart.so和led_lib.jar。在接下来的任务中，仍然会用到不同的外部库来实现各项功能。那么，现在就来简单了解一下，Android程序中常使用的外部库文件类型.so和.jar。

在开发过程中，为了提高开发效率，经常遇到复用代码的情况，通常最简单的方法是直接复制源代码，但这样做有很多缺点，例如，如果源代码很多，会给代码管理造成很大的不便；对代码使用者来说，源代码是完全暴露的，如果不想让使用者知道底层的实现细节，那么复制源代码的方式显然是不可取的。

所以最好用的方法是将代码打包成一个文件供使用者调用，然后只需要提供接口文档供他人查阅即可，这样使用者只关注接口的调用，而无须知道底层的实现细节。

这种打包后的文件可以很方便地被其他程序使用，在Windows平台编程中，使用动态链接库.dll文件来实现代码的复用和共享；在Linux平台编程中，则使用动态链接库.so文件，它使用C/C++语言编写，.so与.dll的功能和作用类似；而在Android编程中，使用Java编写的类库则是.jar包。

1. Android程序界面制作

根据本书配套资源（项目5\任务2：场馆导览子系统程序开发\图片素材）提供的图片资源，完成主界面以及各个场馆的子界面制作，其中进入首页将自动播放青运会主题的语音内容介绍。其中，主界面效果如图5-8所示。

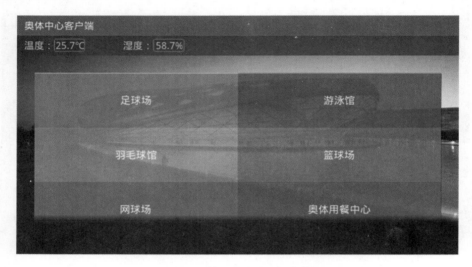

图5-8 场馆导览子系统程序首页

1）新建Android项目，将图片素材导入项目中。

2）设置标题，并拖入相应组件进行布局，注意尺寸和对齐方式，主页中间功能模块为GridView控件显示5个场馆以及1个餐厅。

3）完成包含首页内的一共7个界面的制作，每个场馆显示该展块对应的背景图片。

4）在首页中添加各个场馆按钮的页面跳转功能。

5）在首页中添加自动播放青运会主题的语音内容介绍的功能。

完成后的完整代码，请参看配套资源中的"项目5\任务2：场馆导览子系统程序开发\源代码\一、Android界面制作"文件夹。

2. 体育馆环境信息显示

上一步已经完成了程序的界面制作，接下来需要获取来自ZigBee四通道模拟量采集器传过来的温度和湿度值，并在首页左上角位置显示出来。

1）导入需要的外部引用库。本环节主要涉及的是zigbeeanaloglib.jar这个外部库，通过它来获取温湿度。图5-9和图5-10所示为主要用到的一些库函数。

图5-9　导入需要的外部引用库 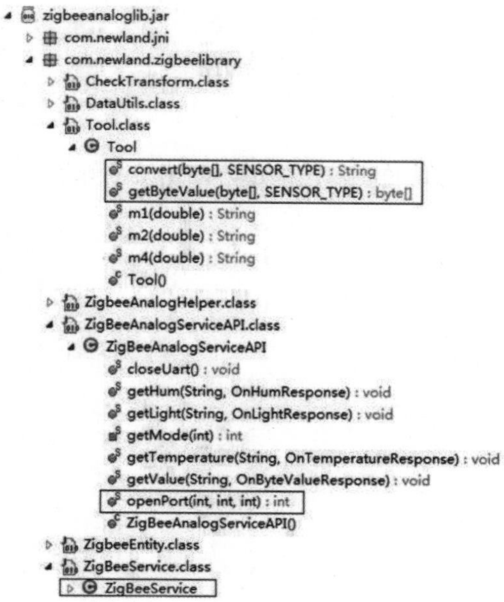　　　　图5-10　zigbeeanaloglib.jar库函数

2）首页MainActivity.java的OnCreate函数中的核心调用如下。

```java
@Override
protected void onCreate(Bundle savedInstanceState) {
    super.onCreate(savedInstanceState);
    setContentView(R.layout.activity_main);
    // 初始化界面
    initView();
    // 打开ZigBee串口和线程
    openZigBee();
    // 获取传感器数据
    getValue();
}
```

3）openZigBee()函数的介绍。调用外部库函数，实现打开ZigBee串口和启动串口线程。

```java
// 打开ZigBee串口和线程
private void openZigBee() {
    int com = -1;
    // 打开串口，com代表设备com口，mode为接入模式
    // 0为串口接入，1为usb接入，baudRate=波特率
    //（波特率对照详情请参考文档）
    com = ZigBeeAnalogServiceAPI.openPort(1, 0, 5);
    if (com < 0) {
        Toast.makeText(MainActivity.this, "串口打开失败", Toast.LENGTH_SHORT).show();
    }
```

```
        // 启动串口线程
        ZigBeeService service = new ZigBeeService();
        service.start();
    }
```

4）获取传感器数据：getValue()函数。

```
    private void getValue() {
        ZigBeeAnalogServiceAPI.getValue("byte", new OnByteValueResponse() {
            @Override
            public void onValue(byte[] value) {
                // TODO Auto-generated method stub
                Message msg = Message.obtain();
                msg.what = 1;
                msg.obj = value;
                // 发送消息
                mHandler.sendMessage(msg);
            }
        });    }
```

5）通过mHandler函数处理接收到的数据，并在主页显示。

```
    // 接收数据并显示
    Handler mHandler = new Handler() {
        public void handleMessage(android.os.Message msg) {
            // 1=温度 ，2=湿度，3=光照
            switch (msg.what) {
            case 1:
              byte[] value = (byte[]) msg.obj;
             String temp = Tool.convert(value,SENSOR_TYPE.TEMPERATURE);
              String Hum = Tool.convert(value, SENSOR_TYPE.HUMIDITY);
              mTvTemp.setText("温度 ： " + temp+"℃");
              mTvHum.setText("湿度 ： " + Hum+"%");
              break;
            }
        };
    };
```

6）关闭程序时自动关闭串口。

```
    @Override
    protected void onDestroy() {
        // 关闭串口
        ZigBeeAnalogServiceAPI.closeUart();
        super.onDestroy();
    }
```

3．LED屏上显示欢迎词

上一步已经完成了传感器温湿度值的获取并显示在界面上，接下来需要在用户单击进入各个场馆时，LED屏上显示相关欢迎词。例如，进入足球场场馆时，LED屏上显示"欢迎进入足球场观看比赛"等欢迎信息。

下面以足球场馆为例介绍开发流程。

1）FootballField.java的onCreate函数。

```
//声明led类库
private LEDManager led;
@Override
protected void onCreate(Bundle savedInstanceState) {
    super.onCreate(savedInstanceState);
    setContentView(R.layout.football);
    //初始化LED
    initLed();
    //将欢迎信息发送至LED屏显示
    led.sendMsgUartSave("欢迎进入足球场观看比赛");
}
```

2）初始化LED的initLed()函数介绍。跟项目5的任务1中将报警信息显示到LED屏上一样，需要先对LED进行初始化，然后实例化LED类，打开对应的串口，才能进行通信。

```
// 初始化LED
private void initLed() {
    //实例化 led类库
    led = new LEDManager();
    //led接入COM3口
    led.openUart(3, 0, 3);
}
```

3）关闭界面时关闭串口。同样地，当足球场馆窗口关闭时，应同时关闭与LED屏的通信串口。

```
@Override
protected void onDestroy() {
    // TODO Auto-generated method stub
    super.onDestroy();
    if(led!=null){
    // 关闭LED通信串口
        led.closeUart();
    }
}
```

4．读取数据库显示赛事预览

上一步已经完成了场馆导览的基本功能，接下来需要在用户单击进入各个场馆时，能了解当前场馆的赛事情况。

下面以足球场馆为例介绍开发流程，为了演示从数据库读取赛事预览的效果，在首页启动时自动初始化了足球场赛事的数据库信息，可以查看MainActivity.java文件。以下主要分析如何读取并显示这些足球赛事信息。

1）FootballField.java的onCreate函数。

```
@Override
protected void onCreate(Bundle savedInstanceState) {
    // TODO Auto-generated method stub
    super.onCreate(savedInstanceState);
    setContentView(R.layout.football);
    //初始化LED
     initLed();
    //将欢迎信息发送至LED屏显示
    led.sendMsgUartSave("欢迎进入足球场观看比赛");
    //读取数据库数据
    .readDB();
    //初始化界面
    initView();
}
```

2）读取数据库的函数readDB()。初始化LED的initLed()函数与将欢迎信息发送至LED屏显示的函数调用，这一步在上一个环节已经实现，不再赘述，这里主要讨论读取数据库的函数readDB()。

```
//游标对象，存放数据库查询返回的游标
private Cursor c ;
//单条赛事
private List<String> mSelectData = new ArrayList<String>();
//全部赛事
private List<List<String>> mSelectDataAll = new ArrayList<List<String>>();
//读取数据库数据的函数
private void readDB() {
    c = FootballDB.getInstance(getApplicationContext()).select(null, null);
    //如果查询到的数据不为空
    if(c.getCount()>0){
        while (c.moveToNext()) {
            //将获取到的数据存入mSelectData List中
            mSelectData = new  ArrayList<String>();
```

```
mSelectData.add(FootballDB.getInstance(getApplicationContext()).getName(c));
mSelectData.add(FootballDB.getInstance(getApplicationContext()).getDate(c));
mSelectData.add(FootballDB.getInstance(getApplicationContext()).getTime(c));
mSelectData.add(FootballDB.getInstance(getApplicationContext()).getDuel(c));
                mSelectDataAll.add(mSelectData);
                mSelectData = null;
        }
        c.close();
    }
}
```

3）FootballDB类。在步骤2）中，函数readDB（）使用了FootballDB类，FootballDB类继承于SQLiteOpenHelper类。它包含了创建数据库、创建表、查询表和插入记录等功能，主要用于数据库读写操作，是一个工具类。

具体内容请参看配套资源中的"项目5\任务2：场馆导览子系统程序开发\源代码\四、读取数据库，显示足球场馆中的赛事预览"工程代码中的"FootballDB.java"文件。

4）在足球场界面中显示赛事数据。List<List<String>>类型的mSelectDataAll对象中包含了全部赛事数据，把它用ListView控件显示出来，就得到了所需要的足球场馆的赛事预览。

```
private void initView() {
    mListViewAdpater = new ListViewAdpater(mSelectDataAll, FootballField.this);
    mListView = (ListView)findViewById(R.id.listView1);
    mListView.setAdapter(mListViewAdpater);
}
```

效果展示如图5-11所示。

图5-11 奥体足球场馆赛事预览情况

5．完善其他场馆的功能

之前第3、4步，都是以足球场馆为例进行了介绍，接下来可以根据同样的流程，完成对其他场馆的开发，在此不再赘述。

各场馆的效果展示如图5-12～图5-15所示，其中的数据库信息可以自行修改。

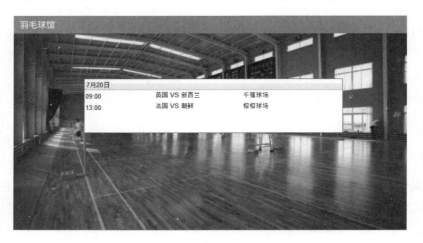

图5-12　奥体羽毛球馆

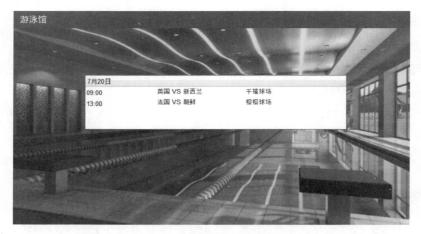

图5-13　奥体游泳馆

图5-14　奥体网球场

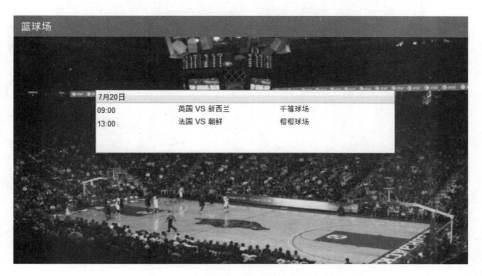

图5-15　奥体篮球场

　　本任务完整的项目代码可以在配套资源中的"项目5\任务2：场馆导览子系统程序开发\
源代码\五、加入除足球场馆外其他子场馆的LED显示和赛事显示"文件夹中查看。

任务3　餐厅环境监控子系统程序开发

任务描述

　　在本任务中，利用提供的相关资源，开发Android平台下的移动应用项目，实现餐厅环
境监控子系统程序的开发。

任务分析

　　在之前的概要设计阶段中，已经了解到该任务模拟餐厅环境监控子系统程序，需要利用
提供资料，在移动互联终端上实现餐厅环境监控等业务需求。

　　任务完成后，主界面效果如图5-16所示。

图5-16 餐厅环境监控子系统程序效果

ZigBee数据通信协议

对于ZigBee无线通信模块，要实现数据在模块之间的传递，或者上位机与ZigBee模块之间的通信，则需定义一组统一的数据格式，用于规范数据传输，就形成了ZigBee数据通信协议。

数据通信协议为用户提供了对模块的控制访问通道，用户设备可以通过串口对ZigBee模块完成数据的传递、参数的访问等。在项目4和项目5中，已经多次使用过此类数据通信协议。

任务实施

1．Android程序界面制作

根据配套资源中的"项目5\任务3：餐厅环境监控子系统程序开发\图片素材"提供的图片资源，完成如图5-17所示的界面。

图5-17 餐厅环境监控子系统主界面

1）新建Android项目，将图片素材导入项目中。

2）设置标题，并拖入相应组件进行布局，注意尺寸和对齐方式。

布局完成后的完整代码，请参看配套资源中的"项目5\任务3：餐厅环境监控子系统程序开发\源代码\一、Android界面制作"项目内的"restaurant. xml"文件。

2．完成环境数据采集并显示

在上一环节基础上，添加本任务最核心的环境数据采集显示功能。

1）Restaurant. java的onCreate函数。

```
@Override
protected void onCreate(Bundle savedInstanceState) {
    super.onCreate(savedInstanceState);
    setContentView(R.layout.restaurant);
    initView();
    // 打开串口通信，接收环境数据
    openUart();
}
```

2）openUart()函数的介绍。函数中的环境数据解析参考相应的ZigBee数据通信协议。

```
private void openUart() {
ZigBeeHelper.com = Linuxc.openUart(2, 0);
if (ZigBeeHelper.com > 0) {
    Linuxc.setUart(ZigBeeHelper.com, 5);
}
//实例化ZigBeeService类，来自ZigBeeService.java
ZigBeeService ZigBeeService = new ZigBeeService(
        new OnZigBeeDataCallback() {
            @Override
            public void callback(char[] data,int mark_head) {
                // TODO Auto-generated method stub
                System.out.println("回调得到数据");
                // 获取传感器类型
                Message message;
                int Type = data[17 + mark_head];
                System.out.println("Type:" + Type);
                switch (Type) {
                case 1:
                    // 传感器类型为1，获取温湿度原始数据
```

```
            char[] temperatureTemp = new char[2];
            temperatureTemp[0] = data[18 + mark_head];
            temperatureTemp[1] = data[19 + mark_head];
            char[] humTemp = new char[2];
            humTemp[0] = data[20 + mark_head];
            humTemp[1] = data[21 + mark_head];
            // 将原始温度数据处理成十进制的浮点数，单位为℃
            float temperatureFloat = (float) ZigBeeDataUtils.convert|(temperature
            Temp[1], temperatureTemp[0]) / 10;
            message = mHandler.obtainMessage();
            message.obj = temperatureFloat;
            message.what = 1;
            mHandler.sendMessage(message);
            // 将原始湿度数据处理成十进制数，单位为%
            float humFloat = (float) ZigBeeDataUtils.convert(
                    humTemp[1], humTemp[0]) / 10;
            message = mHandler.obtainMessage();
            message.obj = humFloat;
            message.what = 2;
            mHandler.sendMessage(message);
            System.out.println("wendu =" + temperatureFloat);
            System.out.println("湿度 =" + humFloat);
            break;
        case 33:
            // 传感器类型为33，获取光照传感器数据
            char[] lightTemp = new char[2];
            lightTemp[0] = data[18 + mark_head];
            lightTemp[1] = data[19 + mark_head];
            float lightFloat = (float) ZigBeeDataUtils.convert(
                    lightTemp[1], lightTemp[0]) / 100;
            System.out.println("lightFloat =" + lightFloat);
            message = mHandler.obtainMessage();
            message.obj = lightFloat;
            message.what = 5;
            mHandler.sendMessage(message);

            break;
        case 34:
            // 传感器类型为34，获取CO传感器数据
```

```
                                char[] coTemp = new char[2];
                                coTemp[0] = data[18 + mark_head];
                                coTemp[1] = data[19 + mark_head];
                                float coFloat = (float) ZigBeeDataUtils.convert(
                                        coTemp[1], coTemp[0]) / 100;
                                System.out.println("coFloat =" + coFloat);
                                message = mHandler.obtainMessage();
                                message.obj = coFloat;
                                message.what = 6;
                                mHandler.sendMessage(message);
                                break;
                        }
                    }
                });
        ZigBeeService.start();
    }
```

3）通过mHandler函数处理接收到的环境数据，将其显示到界面。在步骤2）中的 openUart（）函数中使用了mHandler来处理消息，mHandler将得到的温湿度等环境信息显示到界面的文本控件上。

```
        //获取消息的Handler
        private Handler mHandler = new Handler() {
            public void handleMessage(android.os.Message msg) {
                switch (msg.what) {
                case 1:
                    mTvTemp.setText("温度 ： " + String.valueOf(msg.obj)+"° C");
                    break;
                case 2:
                    mTvHum.setText("湿度 ： " + String.valueOf(msg.obj)+"%");
                    break;
                case 5:
                    mTvLight.setText("光照 ： " + String.valueOf(msg.obj)+"V");
                    break;
                case 6:
                    mTvCo.setText("空气质量 ： " + String.valueOf(msg.obj));
                    break;
                }
            };
        };
```

效果展示如图5-18所示。

图5-18　餐厅环境监控子系统效果

小结与测评

【小结】

本项目对奥体中心项目的3个移动端程序开发分别进行了介绍，即场馆移动安防、场馆导览、餐厅环境监控，在这3个模块的学习中，了解了LED屏相关知识、Android程序中常使用的外部库文件类型.so和.jar、ZigBee数据通信协议相关知识；学会了引用外部库函数来进行Android程序开发、Android端到计算机端的Socket通信程序开发、通过分析ZigBee数据协议来获取传感器数据的Android程序开发。

在学习完本项目内容后，读者可以结合前几个项目的知识，通过Android端与计算机端的通信，实现多样化的物联网应用开发。

【测评】

读者可以根据下面的测评表（见表5-1），对学习成果进行自评或互评，以便对自己的学习情况有更清晰的认识。

表5-1 测评表

序 号	考 核 内 容	配 分	得 分	备 注
1	场馆安防移动子系统程序开发	8分		
（1）	按要求完成界面布局开发	1分		界面正确布局得1分，界面布局不够美观酌情扣分
（2）	数据监听提示	2分		能够接收到数据得2分
（3）	警报界面提示与PC端回传	3分		接收到警报后，界面有提示得1分，单击"关闭警报灯"PC端的警报端可关闭得1分
（4）	LED屏有正确显示警报信息	2分		LED屏在接收到警报后能正确显示警报信息得2分
2	场馆导览子系统程序开发	11分		
（1）	按要求完成界面布局开发	2分		界面布局正确得2分，界面布局不够美观酌情扣分
（2）	ZigBee四通道值显示	4分		首页温湿度值显示正确各得2分
（3）	展块功能	5分		可正常进入每个展块，展块有相对应的背景图片得1分 正常播放内容语音得1分 LED正常显示每个展块的提示内容得3分
3	餐厅环境监控子系统程序开发	6分		
（1）	完成餐厅界面布局	1分		界面布局正确得1分
（2）	通过提供的ZigBee协议说明文档获取温湿度、光照、空气质量	5分		解析数据正确得5分，每错一个扣0.5分，全部没有数据本题不得分
	合计		25分	

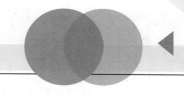

Project 6

项目⑥

奥体中心项目验收与总结

项目概述

在本项目中，对奥体中心项目进行验收，了解项目验收相关知识，学习如何对项目进行验收；同时给出奥体中心项目的项目验收标准，依据项目验收标准可以对本书的学习效果进行自我测评或互评，然后对奥体中心项目进行总结，了解项目总结相关知识，学习如何对项目总结；最后给出项目开发总结报告模板，依据此模板完成奥体中心项目的开发总结报告的编写。

学习目标

- 了解项目验收相关知识。
- 了解项目总结相关知识。
- 能利用项目验收标准对项目完成情况进行测评。
- 学会编写项目开发总结报告。

任务1 项目验收概述

交付验收是项目质量保障的最后一道防火墙，也是企业乃至每个项目成员都注重的环节。

很多人都认为只要完成了合同中规定的内容，完成了需求规格说明中规定的工作，并且按合同试运行了几个月，应该就可以拿着合同或技术协议与客户谈论验收的相关事宜了。但是，根据经验发现，客户的判断往往不是招标书、合同、技术协议和需求规格说明书等文档，其实这些文档无论做得如何细致，对用户而言并没太大的参考价值，客户关心的是他们的业务是否真的在系统中运作且运行良好，是否能解决真实问题，并以此作为项目验收的标准。

为了能顺利交付与验收，项目开发方、用户方和其他有关人员必须严格按照项目交付与验收管理程序进行活动，项目各方按交付与验收计划，完成准备、检查和验收工作，直至产品验收通过。另外，还应遵守以下软件验收管理原则。

1）在项目开发合同的签订阶段就提出验收项目通过标准的意见。

2）在软件的需求评审阶段，仔细审阅软件的需求规格说明书，指出不利于测试和可能存在歧义的描述。

3）在开发方开发完产品并经过开发方内部仔细测试后，对完成的产品进行评审或第三方的验收测试，将完整的错误报告提交给用户方，由用户方根据之前签订的开发合同中相应的验收标准来判断是否进行验收。

4）提前做好验收准备工作，检查项目的验收标准，确认项目的每一阶段都经过验收；检查项目的项目目标，确认项目目标全部实现；检查项目的问题管理，确认所有问题和待办事项已完成；审查项目的全部文档，确认所有文档齐全、规范、内容翔实；审查项目的规章制度，确认所有规章制度完整，紧急处理手段齐全。

任务2 项目验收流程

由于物联网项目验收普遍较为复杂，因此，一般将项目的验收划分为3个阶段：验收准备、初步验收和最终验收。

1. 验收准备

验收准备阶段主要根据项目的情况组建验收小组，并确定验收方式、验收内容、验收标准以及验收条件等。

1）成立验收小组。验收小组的主要由使用部门、信息技术部、招标部门和财务部门等组成，该项工作需要领导的参与和批准。

2）确定验收策略。验收小组根据项目的特点来确定项目验收的方式，即是否需要分阶段验收，完成验收阶段的划分，并制订相关的验收计划，一般对于比较复杂的项目需要划分阶段进行验收。

3）确定验收内容和标准。根据前面确定的验收策略，明确各阶段验收的条件、需要验收的内容、验收通过的标准以及需要提交的资料清单等。

4）领导审批。由领导审批验收小组确定的验收阶段、验收内容以及验收标准等是否合理。

2．初步验收

初步验收主要是完成软硬件系统的初步运行情况，物联网项目可能同时涉及软件和硬件的验收。

1）验收申请。当项目组认为符合验收条件后申请进行验收。

2）检验验收条件是否合格。验收小组接到验收申请后，审查是否符合验收条件。

3）进行整改。如果验收小组认为不符合验收条件，将要求项目组根据验收小组提出的整改意见进行相关整改，整改完成后再次提出验收申请。

4）验收类型的判断。验收小组会根据项目的性质，分别按照软硬件系统进行初步验收。

5）硬件设备集成调试。项目组进行设备的集成调试工作。

6）试运行验收。在完成设备的集成调试后，项目组将申请进行试运行验收，验收小组需要根据验收内容逐项进行相关验收。

7）软件系统功能验证。根据需求或验收标准，对软件系统功能进行详细验证测试，验收小组监督和汇总测试情况。

8）资料验收。验收小组根据验收准备阶段的要求逐项核对资料的提交情况，资料包括合同中要求的程序源代码、操作手册、培训资料、测试报告和过程数据等。

9）综合评议。验收小组汇总该项目各阶段验收资料，对项目的验收情况进行集体评议。

10）检验验收情况。验收小组将根据综合评议情况，判断是否验收合格，对于不合格的部分提出整改意见。

11）进行整改。如果本次验收没有通过，项目组则需要根据验收小组的要求进行相关整改。

12）复验。当项目组完成整改后，验收小组将组织复验。

3．最终验收

项目通过初步验收后，将投入正式运行，由于有些问题可能需要在实际运行一段时间后才能暴露，最终验收就是需要解决这些问题。一般在最终验收通过后再进行质保金的支付。

1）正式运行系统。项目通过初步验收后，将投入运行。

2）最终验收。当系统运行一段时间（一般在合同中明确）后，验收小组将汇总验证情况，组织全面的验收。

3）检验最终验收是否合格。验收小组将根据验收情况出具验收结论。

4）进行整改。如果验收不合格，则项目组则将根据验收小组的整改意见进行整改。

5）复验。项目组完成整改后，验收小组将根据项目的实际情况进行复验。

任务3　　　项目验收标准

从之前的学习可以了解到，项目验收的重点是项目验收标准的制订，由于本项目采用实训平台进行模拟开发，下面制订了以下项目验收测评表，作为本项目的主要验收标准，完整版的"奥体中心项目验收标准"文档详见本书配套资源"项目6\奥体中心项目验收标准.docx"。

1．项目设计阶段测评（5分，见表6-1）

表6-1　项目设计阶段测评

序　号	测 评 内 容	配　分	得　分	备注
1	了解如何对项目进行需求分析	1分		能对项目进行需求分析得1分，根据需求分析的要点是否全面酌情扣分
2	了解如何对项目进行概要设计	2分		能对项目进行概要分析得2分，根据概要设计的要点是否全面酌情扣分
3	了解项目设计阶段文档的写作格式	2分		能将需求分析形成文档得1分，能将概要设计形成文档得1分，根据文档的格式规范程度酌情扣分
合计		5分		

2. 应用环境安装部署阶段测评（15分，见表6-2）

表6-2　应用环境安装部署阶段测评

序　号	测评内容	配　分	得　分	备　注
1	感知层设备的连接	7分		
（1）	工位设备安装位置正确、牢固	2分		根据任务实施中的连接图，安装设备，每1个设备未安装，扣0.5分，每1个设备位置安装错误，扣0.5分； 检查设备安装是否牢固，每1个设备安装不牢固，扣0.2分
（2）	设备安装螺母加垫片	1分		有超过5个螺母没加垫片，扣0.5分
（3）	485数据采集器的连接正确	1分		接线正确得0.5分，接入移动互联终端COM2得0.5分
（4）	数字量传感器的连接正确	2分		每错1个扣1分，扣完为止
（5）	四模拟量采集器连接设备的安装	1分		设备通道安装每错1个扣0.5分，扣完为止
2	传输层各设备的配置	6分		
（1）	无线路由器配置	2分		查看截屏，每错1个扣1分
（2）	局域网设备IP配置	2分		IP截屏，每错1个扣0.4分，扣完为止
（3）	串口服务器串口设置	2分		4个截屏波特率设置正确，每错1个扣0.25分；使用串口调试工具可以打开任意连接的设备，得1分
3	应用层软件部署与配置	2分		
	数据库的安装与配置	2分		数据库添加成功，截图正确则得分
	合计		15分	

3. 项目感知层开发调试阶段测评（25分，见表6-3）

表6-3　项目感知层开发调试阶段测评

序　号	测评内容	配　分	得　分	备　注
1	感知层无线局域网模块程序下载与配置	5分		配置完毕将协调器接入移动互联终端的"COM1"口，否则本题将不得分； 通过移动互联终端上智能模块观看是否安装正确，每错1个扣1分； 通过ZigBee配置程序观看是否配置正确，每错一个扣1分； 以上包括协调器模块、传感器模块和继电器模块

（续）

序　号	测评内容	配　分	得　分	备　注
2	感知层传感器程序的开发	10分		串口调试助手截图中，光照传感器所采集和发送的数据正确，得2.5分； 温湿度传感器所采集和发送的数据正确，得2.5分； 空气质量传感器所采集和发送的数据正确，得2.5分； 各传感器所发送的数据包格式符合所需要求，得2.5分
3	感知层传感器数据的传输	10分		将两块ZigBee板放在桌面上的开发机前面，否则本题将扣1分； 从截图上能看到协调器节点得2分； 无线传感网演示软件截图中，有光照传感器数据，得2分； 无线传感网演示软件截图中，有温湿度传感器数据，得2分； 无线传感网演示软件截图中，有空气质量传感器数据，得2分； 串口调试助手能看到协调器广播的数据，得1分
合计		25分		

4．项目计算机端应用开发阶段测评（25分，见表6-4）

表6-4　项目计算机端应用开发阶段测评

序　号	考核内容	配　分	得　分	备注
1	发卡程序的实现	8分		界面没有完成，功能有实现也可给分
（1）	按要求完成界面布局开发	1分		检查卡号文本框是否不可编辑（扣0.5分），界面布局不够美观酌情扣分
（2）	寻卡功能	1分		通过桌面高频读卡器，验证高频卡，能读出卡号得1分
（3）	发卡功能	2分		是否验证卡号、次数、时间不能为空，没有验证扣0.5分，是否验证前面文本框时间小于后面文本框时间
（4）	数据是否成功保存到数据库	2分		打开SQL Server查看数据库FUser表是否有发卡的数据
（5）	读取数据库成功显示数据	2分		能正确显示发卡时间
2	刷卡验证程序实现	8分		界面没有完成，功能有实现也可给分
（1）	按要求完成界面布局开发	1分		界面布局不够美观酌情扣分

（续）

序　号	考核内容	配　分	得　分	备　注
（2）	进场刷卡验证功能实现	1分		可读出卡号得0.5分，通过数据库验证得0.5分
（3）	摄像头拍照	2分		有摄像头实时图像得1分，刷卡验证通过后有拍照截屏得1分（查看工程的image目录）
（4）	进场记录写入数据库	2分		完成进场记录保存到数据库2分
（5）	进场记录查询功能	2分		完成进场记录查询功能，单击"查询"按钮可将数据库数据查询出来得2分
3	安防管理子系统主程序实现	9分		界面没有完成，功能有实现也可给分
（1）	按要求完成界面布局开发	1分		界面布局不够美观酌情扣分
（2）	红外对射、火焰和烟雾数据获取	2分		数据错误1个扣0.5分，3个都不正确本题不得分
（3）	手动控制报警灯	2分		能进行报警灯的手动开关控制
（4）	自动报警查看	2分		有报警数据时，界面有提示得1分，警报灯亮得1分
（5）	实现Socket通信	2分		结合安防移动端应用能够形成完整通信闭环得2分
合计		25分		

5．项目移动端应用开发阶段测评（25分，见表6-5）

表6-5　项目移动端应用开发阶段测评

序　号	考核内容	配　分	得　分	备　注
1	实现展馆保安移动系统	8分		
（1）	按要求完成界面布局开发	1分		界面正确布局得1分，界面布局不够美观酌情扣分
（2）	数据监听提示	2分		能够接收到数据得2分
（3）	警报界面提示与PC端回传	3分		接收到警报后，界面有提示得1分；单击"关闭警报灯"，PC端的警报端可关闭得1分
（4）	LED有正确显示警报信息	2分		LED显示器在接收到警报后有正确显示警报信息得2分
2	实现参展导览客户端	11分		

（续）

序　号	考核内容	配　分	得　分	备　注
（1）	按要求完成界面布局开发	2分		界面布局正确得2分，界面布局不够美观酌情扣分
（2）	ZigBee四通道值显示	4分		首页温湿度值显示正确各得2分
（3）	展块功能	5分		可正常进入每个展块，展块有相对应的背景图片得1分； 正常播放内容语音得1分； LED正常显示每个展块的提示内容得3分
3	实现餐厅环境数据采集	6分		
（1）	完成餐厅界面布局	1分		界面布局正确，得1分
（2）	通过提供的ZigBee协议说明文档获取温湿度、光照、空气质量	5分		解析数据正确得5分，每错一个扣0.5分，都没有数据本题不得分
	合计		25分	

6. 职业素养（5分，见表6-6）

表6-6　职业素养

序　号	考核要求	配　分	得　分	备　注
1	布线整洁美观	2分		酌情扣分
2	工位卫生	1分		酌情扣分
3	其他（安全文明操作）	2分		工具是否收回，按位置摆放，酌情扣分
	合计		5分	

以上测评表总分共100分，读者进行自评或小组互评，并且计分，可以将其作为考评依据，综合评分见表6-7。

表6-7　综合评分

题　目	一	二	三	四	五	职业素养	总分
总　分	5	15	25	25	25	5	100
得　分							

成绩评定标准参考见表6-8。

表6-8　成绩评定标准

等　级	评　选　条　件
优秀	1）材料完整； 2）软件可正常运行； 3）项目测评表得分在80分以上； 4）软件界面友好，易于交互； 5）软件功能新颖，有较强创新
良好	1）材料完整； 2）可正常运行实现功能达到2/3以上； 3）项目测评表得分在70分以上
合格	1）材料完整； 2）可正常运行实现功能达到1/2以上； 3）项目测评表得分在60分以上
不合格	1）材料不完整； 2）软件大部分模块不能运行； 3）项目测评表得分在60分以下

任务4　项目总结

项目通过最终验收后，项目组需要对项目进行总结，并编写项目开发总结报告，目的是为了让开发人员和用户对开发的过程有一个总体的了解，并通过该报告对软件开发过程中的所有工作进行总结和概括，以及对开发过程中出现的问题进行汇总并加以分析，从而为以后的开发和维护工作奠定基础。

对于项目开发总结报告的编写，本书给出了一个模板，见配套资源中的"项目6\项目开发总结报告模板.docx"，由于开发完成情况存在差异，所以建议读者在此模板基础上进行修改完善，完成奥体中心项目开发总结报告。以下列举项目总结报告模板包含的主要内容。

1. 引言

1）编写目的。说明编写这份项目开发总结报告的目的，指出预期的阅读范围。

2）背景。说明以下两个方面。

① 本项目的名称和所开发出来的系统名称。

② 此软件的任务提出者、开发者和用户。

3）定义。列出本文件中所用到专业术语的定义和外文首字母组词的全称。

4）参考资料。列出要用到的参考资料，举例如下。

① 本项目已核准的计划任务书或合同、上级机关的批文。

② 属于本项目的其他已发表的文件。

③ 本文件中各处引用的文件、资料，包括用到的开发标准。列出这些文件的标题、文件编号、发表日期和出版单位，说明能够得到这些文件资料的来源。

2．实际开发结果

1）产品。说明最终制成的产品，包括以下几个方面。

① 系统中各个程序的名字以及它们之间的层次关系。

② 系统共有哪几个版本。

③ 每个文档的名称。

2）主要功能和性能。逐项列出本产品实际具有的主要功能和性能，对照可行性研究报告、项目开发计划、功能需求说明书的有关内容，说明原定的开发目标是已达到、未完全达到或已超过。

3）基本流程。用图给出本程序系统的实际基本的处理流程。

4）进度。列出原定计划进度与实际进度的对比，明确说明，实际进度是提前完成，还是延迟完成，分析主要原因。

5）费用。列出原定计划费用与实际支出费用的对比，包括以下几个部分。

① 工时，并按不同级别统计。

② 计算机的使用时间。

③ 物料消耗、出差费等其他支出。

明确说明，经费是已超出，还是有节余，分析其主要原因。

3．开发工作评价

1）对生产效率的评价。给出实际生产效率，包括两个部分。

① 程序的平均生产效率。

② 文件的平均生产效率。

同时，列出原订计划数作为对比。

2）对产品质量的评价。说明在测试中检查出来的程序编制中的错误发生率。如果开发中制订过质量保证计划或配置管理计划，要与这些计划相比较。

3）对技术方法的评价。给出对在开发中所使用的技术、方法和工具的评价。

4）出错原因的分析。给出对于开发中出现的错误的原因分析。

4．经验与教训

列出从这项开发工作中所得到的最主要的经验与教训及对今后的项目开发工作的建议。

参 考 文 献

[1] 求是科技. 单片机典型模块设计实例导航 [M]. 2版. 北京: 人民邮电出版社，2008.

[2] 李文仲，等. ZigBee2007/PRO协议栈实验与实践 [M]. 北京: 北京航空航天大学出版社，2009.

[3] 谭浩强. C程序设计 [M]. 5版. 北京: 清华大学出版社，2017.

[4] 黄宇红，等. NB-IoT物联网技术解析与案例详解 [M]. 北京: 机械工业出版社，2018.

[5] 冯育长. 单片机系统设计与实例分析 [M]. 西安: 西安电子科技大学出版社，2007.